FORSCHUNGSBERICHTE
DES WIRTSCHAFTS- UND VERKEHRSMINISTERIUMS
NORDRHEIN-WESTFALEN

Herausgegeben von Staatssekretär Prof. Leo Brandt

**Nr. 106**

Oberregierungsrat Dr.-Ing. W. Küch

Untersuchungen über die Einwirkung von feuchtigkeitsgesättigter Luft auf die Festigkeit von Leimverbindungen

im Auftrage der
Deutschen Gesellschaft für Holzforschung e. V., Stuttgart

Als Manuskript gedruckt

SPRINGER FACHMEDIEN WIESBADEN GMBH

ISBN 978-3-663-03306-6  ISBN 978-3-663-04495-6 (eBook)
DOI 10.1007/978-3-663-04495-6

Forschungsberichte des Wirtschafts- und Verkehrsministeriums Nordrhein Westfalen

G l i e d e r u n g

1. Bedeutung und Problematik der Anwendung von Leimverfahren in der Bautechnik . . . . . . . . . . . . . . . . . . . . . . . S. 5

2. Über die Vorgänge in geleimten Hölzern bei der Einwirkung von besonders feuchter Luft und die dadurch bedingten Beanspruchungen der Leimfuge . . . . . . . . . . . . . . . . . S. 8

3. Gang der Untersuchungen . . . . . . . . . . . . . . . . . . . S. 10

4. Versuchsergebnisse . . . . . . . . . . . . . . . . . . . . . S. 12

5. Zusammenfassende Beurteilung der Versuchsergebnisse und Folgerungen für die Praxis . . . . . . . . . . . . . . . . . . S. 16

*Forschungsberichte des Wirtschafts- und Verkehrsministeriums Nordrhein-Westfalen*

## 1. Bedeutung und Problematik der Anwendung von Leimverfahren in der Bautechnik

Die Leimtechnik, ein Begriff, der nach der herrschenden Anschauung mit der Verarbeitung des Holzes verbunden ist, schaut auf eine sich über Jahrhunderte erstreckende Entwicklung zurück. Die Erkenntnis, daß bestimmte in der Natur vorkommende Stoffe organischer Herkunft wie Knochen, Häute, tierisches Blut und Milchsäureprodukte in entsprechend modifizierter Form für die Verbindung von Holzteilen geeignet sind, bildete die Grundlage für einfache Fertigungsverfahren zur Herstellung von Möbeln und Geräten des täglichen Bedarfes durch Leimung sowie für die Entwicklung der vergüteten Holzwerkstoffe, Sperrholz und Schichtholz. Der stärkere Einsatz der Holzleimung für technische Zwecke war so lange noch infragegestellt, als die verhältnismäßig hohe Feuchtigkeitsempfindlichkeit der Leime auf natürlicher organischer Grundlage den Einsatz mit ihnen hergestellter Teile auf Fälle beschränkte, in denen keine äußeren atmosphärischen Einflüsse einwirkten. Der erste eigentliche Konstruktionsleim war der durch natürliche Säuerung der Magermilch gewonnene Kaseinleim, der im Holzflugzeugbau größere Verwendung fand, nachdem es gelungen war, seine an sich auch hohe Feuchtigkeitsempfindlichkeit durch Zusätze anorganischer Natur zu verbessern. Ein grundsätzlicher Wandel trat allerdings erst mit der Entwicklung der neuzeitlichen Kunstharzleime ein. Auf der Grundlage von Kunstharzen aus Harnstoff-Formaldehyd, Phenol-Formaldehyd, Melamin-Formaldehyd und Resorzin-Formaldehyd gelang die Herstellung von Leimen, die sich durch eine bisher nicht als möglich erachtete Widerstandsfähigkeit gegen Feuchtigkeitseinflüsse auszeichneten. In den Anfängen der Entwicklung beschränkte sich die Verwendung der angeführten Kunstharzleime vor allem auf die Herstellung von Lagenhölzern im Heißpreßverfahren. Später folgte die Ausbildung von Leimen, die bei normaler Temperatur verarbeitet werden konnten, indem die Aushärtung des flüssig aufgetragenen Leimes durch auf das Holz vorgestrichene oder dem Leim untermischte Katalysatoren herbeigeführt wurde. Die Möglichkeit der Verarbeitung der Kunstharzleime im Kaltleimverfahren bildete die Grundlage für die Einführung der Leimtechnik im Bauwesen. Immer mehr ging man im Laufe der Zeit dazu über, bei der Ausbildung von Hallenkonstruktionen, Brücken und ähnlichen technischen Holzkonstruktionen die bisher üblichen Verbindungsweisen mit Nägeln, Dübeln, Zapfen und Bolzen durch die Leimung zu ersetzen, da man die höhere Wirtschaftlichkeit einer derartigen Bauweise erkannte. Die Vorteile geleimter Konstruktionen liegen vor allem darin begründet, daß man die tragenden Teile durch Ausbildung von Profilformen (I-Balken, Kastenbalken) den auftretenden Beanspruchungen besser anzupassen vermag, das Zusammenleimen der Bauteile aus kleineren Holzteilen die Ausscheidung der natürlichen, die Festigkeit mindernden Fehlstellen des Holzes erleichtert, durch beide Faktoren eine wesentliche Holzeinsparung herbeigeführt wird und in den meisten Fällen, z.B. durch Ausbildung freitragender Konstruktionen, eine bessere Ausnutzung der Innenräume der Bauwerke erreicht werden kann. (1)

Die Beanspruchungen, denen Leimverbindungen in Holzkonstruktionen des Bauwesens ausgesetzt werden, sind außergewöhnlich hoch. Betrachten wir die aus geleimten Trägern zusammengesetzte Dachkonstruktion einer Halle oder eines Gebäudes, so wirken hier zunächst äußere mechanische Kräfte auf die Leimverbindung ein. Es sind dies die statische Dauerbeanspruchung der Dachkonstruktion durch ihr Eigengewicht, gegebenenfalls erhöht durch Schneelast im Winter, und eine zeitweilige zusätzliche dynamische Beanspruchung durch Windkräfte. Hinzu kommen Beanspruchungen durch klimatische Einflüsse. Bei Dachkonstruktionen muß im Wechsel der Jahreszeiten und durch Sonneneinstrahlung mit der Einwirkung von Temperaturen gerechnet werden, die etwa in den Grenzen von $-20$ bis $+40^\circ$ C liegen. Damit verbunden sind Unterschiede der relativen Luftfeuchtigkeit, die unter bestimmten Voraussetzungen, wenn sich beispielsweise in einem Neubau bei ungenügender Belüftung die Baufeuchtigkeit im Dachfirst ansammelt, 100 % betragen und bei hoher Trockenheit selbst in unseren Zonen bis auf 30 % herabsinken kann. Da es bisher nicht üblich ist, technische Holzkonstruktionen mit einem Oberflächenschutz zu versehen, kann sich der Wechsel der Luftfeuchtigkeit besonders gefährlich auswirken, indem er zu ständiger Aufnahme und Abgabe von Feuchtigkeit und damit zu Schwund- und Quellverformungen im Holz führt, die neben der unmittelbaren Einwirkung auf den Leim in den Verbindungsstellen eine weitere Wechselbeanspruchung, allerdings mit ausgesprochen geringer Frequenz, darstellen. Schließlich kann bei den starken wechselnden klimatischen Bedingungen, denen Baukonstruktionen ausgesetzt sind, eine unmittelbar vom Leim herrührende Schädigung

---

(1) EGNER, K.: Kunstharzleimung im Dienst der Bauholzeinsparung. Z. Bauen und Wohnen. J. 1946. H. 1. S. 96/111

wirksam werden. Bei durch Säureeinwirkung bei normaler Temperatur aushärtenden Montageleimen auf Grundlage von Phenol-Formaldehyd-Kunstharz besteht bekanntermaßen die Gefahr einer Säureschädigung des Holzes und damit einer Beeinträchtigung der Festigkeit der Leimverbindungen (2), (3), (4), (5). Wird die dem Leim zur Aushärtung beigegebene Säure durch den Aushärtungsvorgang nicht völlig gebunden, sondern verbleibt teilweise als freie Säure im Leim, so kann diese in das Holz abwandern, die Holzfaser an der Leimfläche zerstören und dadurch die Faserbindung lösen. Der Vorgang ist gebunden an einen bestimmten Wassergehalt des Holzes und wird gefördert durch eine anschließende Austrocknung des Holzes, die die Säurekonzentration erhöht, durch erhöhte Temperaturen und durch dicke Leimfugen, die die Leimmenge und damit die freie Säure erhöhen. Derartige Einwirkungen haben in der letzten Zeit in einigen Fällen zu Fehlschlägen bei der Ausführung geleimter Dachkonstruktionen geführt. Die Vorgänge unterstreichen die Bedeutung, die Untersuchungen zu intensivieren, durch die festgestellt werden kann, in welchem Ausmaß die bei der Ausführung von technischen Holzkonstruktionen verwandten Leime den im Bauwesen besonders hohen Anforderungen entsprechen und welche Maßnahmen fertigungstechnischer Art geeignet sind, die Sicherheit geleimter Konstruktionen zu erhöhen.

Als Beitrag zu dieser Frage wird in folgendem über das Ergebnis von Versuchen berichtet, die sich mit dem Verhalten von Leimverbindungen bei extremen klimatischen Bedingungen, in dem vorliegenden Fall einer Dauereinwirkung von feuchtigkeitsgesättigter Luft, auf die Festigkeit von Leimverbindungen befaßten. Die Problemstellung wurde bei diesen Versuchen zunächst bewußt auf einfache Bedingungen beschränkt, um die Gewinnung klarer Erkenntnisse bei der Vielgestalt der praktisch denkbaren Einflüsse zu gewährleisten. Zweck der Versuche waren außerdem die Aufstellung von Prüfrichtlinien zur eindeutigen Bestimmung der Feuchtbindefestigkeit von Leimen und die Festlegung entsprechender Gütewerte.

---

(2) KLINE, G.M., REINHARDT, F.W., RINKER, R.C. u. U.T. LOLLIS: Modern-Plastics. Bd.24 Nr. 11 (Juli 1947) S. 123/128 und 196/202
(3) DELMONTE, P.: The Technology of Adhesives. Reinhold Publishing Corporation. 330 West 42 nd St. New York 18, U.S.A. 1947, S. 43
(4) PLATH, E.: Die Holzverleimung. Wissenschaftliche Verlagsgesellschaft m.b.H., Stuttgart, 1951, S. 147/148
(5) EGNER, K.: Einige technologische Fragen der Leimung tragender Holzbauteile. Holz-Zentralblatt Nr. 101 und 102/ 1952

*Forschungsberichte des Wirtschafts- und Verkehrsministeriums Nordrhein-Westfalen*

Unterlagen über die Prüfung von Leimverbindungen hinsichtlich ihrer Widerstandsfähigkeit gegenüber Feuchtigkeitseinwirkung sind in den DIN-Norm-Entwürfen DIN 53 251, 53 252, 53 253, 53 254 und 53 255 enthalten. Danach ist eine Ermittlung der Bindefestigkeit der Verleimungen an Proben vorgesehen, die entweder kurze oder längere Zeit (24 und 96 Stunden) in Wasser gelegt oder 28 Tage in feuchter Luft aufbewahrt werden. Die dabei erzielten Werte werden als Kurzwasser-, Wasser- und Feuchtfestigkeit bezeichnet. Während über die Wasserfestigkeit der Leime, wie sie nach den bestehenden Vorschriften ermittelt wird, bereits in größerem Umfang Versuchsergebnisse vorliegen, (4) ist bisher noch nicht genau bekannt, in welchem Ausmaß die Bindefestigkeit von Holzleimen durch Einwirkung von feuchter Luft eine Beeinträchtigung erfahren kann, obwohl eine derartige Beanspruchung, wie dies eingangs ausgeführt wurde, gerade im Bauwesen eine besondere Rolle spielt.

## 2. Über die Vorgänge in geleimten Hölzern bei der Einwirkung von besonders feuchter Luft und die dadurch bedingten Beanspruchungen der Leimfuge

In extrem feuchtem Klima sind verleimte Holzstücke mit normalem Feuchtigkeitsgehalt einer Einwirkung derart ausgesetzt, daß Leim und Holz durch die den organischen Stoffen eigene Sorptionsfähigkeit Feuchtigkeit aufnehmen, die bei konstanter Beanspruchung einem festliegenden Gleichgewichtszustand zustrebt. Für den zeitlichen Ablauf dieser Einwirkung ist die Form der geleimten Teile maßgebend. Liegen Leimfugen an den äußeren Flächen der Holzteile frei, so kann zunächst an diesen Stellen Feuchtigkeit unmittelbar in den Leim eindringen und damit die hier wirksamen und für die Festigkeit der Verbindung maßgeblichen inneren kohäsiven Kräfte des eigentlichen Bindemittels verringern. Im allgemeinen dürfte eine derartige Einwirkung nur mehr von untergeordneter Bedeutung sein, da der Anteil der außen frei liegenden Leimfugen im Vergleich zur gesamten Leimfläche und damit zum gesamten Leimvolumen meist gering ist. Außerdem muß die Natur des verwandten Leimes berücksichtigt werden. Die unmittelbare Sorption von Feuchtigkeit im Leim dürfte spürbar sein bei den Leimsubstanzen auf natürlicher organischer Grundlage, weniger dagegen bei den erheblich feuchtigkeitsbeständigeren Kunstharzleimen in Erscheinung treten. Der zweite Vorgang ist die Sorption des Holzes mit Feuchtigkeit, die sich von den Außenflächen her durch Diffusions- und Kapillarkräfte im Holzteil gleichmäßig verteilt. Auf diese Weise kann auf dem Umwege über das Holz Feuchtigkeit ebenfalls unmittelbar in die Leimsubstanz eindringen und damit die eingangs geschilderte Festigkeitsminderung der Bindesubstanz herbeiführen. Außerdem hat die Feuchtigkeitsaufnahme im Holz Quellerscheinungen zur Folge. Das Wesen der Leimung bei Holz ist nach neueren Untersuchungen eindeutig gekennzeichnet durch eine spezifische Haftung des Leimes an der eigentlichen Holzsubstanz in den Grenzschichten Holz-Leim, verbunden mit einer mechanischen Verankerung des Leimes in den Poren des Holzes. Quillt das Holz geleimter Teile durch Feuchtigkeitsaufnahme, so muß damit gerechnet werden, daß der spröde Leim diesen Formänderungen nicht nachgibt und der Faserverband an den Grenzflächen von Leim und Holz gelöst wird. Die Art der Verleimung, insbesondere ob es sich um Langholzverleimungen, wie sie bei der Prüfung der Leime die Hauptrolle spielen, oder um Querverleimungen, wie sie mehr in der Praxis vorkommen, wird dabei berücksichtigt werden müssen. Im ersteren Fall, wo in der eigentlichen Leimfuge infolge eines gleichartigen Faserverlaufes keine stärkeren Schubspannungen durch Quellungsvorgänge auftreten können, wird vor allem die Gefahr einer Trennung des Leimes von den Wandungen der einzelnen Poren bestehen. Bei Kreuzverleimungen muß dagegen damit gerechnet werden, daß das richtungsmäßig unterschiedliche Quellen des Holzes die Holzfasern in der Leimfuge zerstört. Es ist einleuchtend, daß eine derartige Einwirkung besonders gefährlich werden kann, wenn die Verleimungen wechselnden klimatischen Bedingungen ausgesetzt sind und die dabei auftretenden Quell- und Schwundspannungen einer dynamischen Wechselbeanspruchung mit niedriger Frequenz gleichkommen, die sich der durch äußere mechanische Kräfte hervorgerufenen mechanischen Beanspruchung überlagert. Die Prüfverfahren zur Beurteilung der Leime lassen in dieser Richtung noch viele Fragen offen, vor allem, wenn an die Verwendung von Leimen zur Ausbildung technischer Konstruktionen gedacht wird. Die Einwirkung der Feuchtigkeit auf die Verleimung auf dem Umweg über das Holz wird natürlich gegenüber der unmittelbaren Einwirkung an den freiliegenden Fugen zeitlich verzögert sein. Wir müssen hier unterscheiden zwischen den bevorzugten Wegen der Feuchtigkeit von äußeren Hirnflächen aus längs zur Faser und dem weniger starken Eindringen der Feuchtigkeit durch die quer zur Faserrichtung verlaufend parenchymatischen Kanalysteme der Holzsubstanz und die Hoftüpfel

*Forschungsberichte des Wirtschafts- und Verkehrsministeriums Nordrhein-Westfalen*

in den Zellwandungen der längs orientierten Tracheen, Gefäße und Libriformzellen. Die Einwirkungsdauer hängt damit von der Form der Holzteile in der Praxis bzw. der Form der Proben im Fall der Prüfung der Leime vor allem in der Weise ab, daß kurze Wege von den Hirnflächen zur Leimstelle die Wirkung beschleunigen.

## 3. Gang der Untersuchungen

Bei den Versuchen wurden verleimte Hölzer in Form von Proben, wie sie bei der Prüfung von Leimen üblich sind, in Behältern mit feuchtigkeitsgesättigter Luft gelagert und nach verschiedenen Zeiten unter Bestimmung der Feuchtigkeitsaufnahme auf ihre Bindefestigkeit geprüft.

Die Verleimung der Hölzer wurde mit Leimen auf natürlicher organischer Grundlage aus Kasein, Dispersionsleimen aus Polyvinylazetat, Kunstharzleimen auf Grundlage von Phenol-Formaldehyd (kalt- und warmhärtend, flüssig und Film), Harnstoff-Formaldehyd, Melamin-Formaldehyd und Resorzin-Formaldehyd vorgenommen. Genauere Angaben über die Lieferform der verschiedenen Leime, ihre Verarbeitung und ihre Aushärtung sind in Tabelle 1 enthalten. In die Versuche wurden Leime mit geringerer Bedeutung für das Bauwesen wie Kasein und Polyvinylazetat einbezogen, um die Eigenschaften bekanntermaßen feuchtigkeitsempfindlicher Leime denen der feuchtigkeitsbeständigen Kunstharzleime vergleichend gegenüberstellen zu können.

Entsprechend Abbildung 1 wurden die folgenden Formen der verleimten Hölzer angewandt:

a) Langholzverleimungen aus Buche entsprechend DIN-Entwurf
   53 254, Ausgabe September 1951
   Größe der verleimten Platten: 310 mm x 125 mm
   Satte Leimung
   Probeform: siehe Abbildung 1 a
   Ermittlung der Schubfestigkeit der Leimfuge

b) Kreuzverleimungen aus Buchenholz entsprechend Abbildung 1 b, die durch Normalkräfte auf ihre Bindefestigkeit geprüft wurden.
   Die Proben wurden aus 200 mm x 80 mm großen, mit der Faser quer zu einander verleimten 2-fach-Platten herausgearbeitet.

   Die Prüfung der fertig zugeschnittenen Kreuzproben erfolgt durch allseitig gelenkig angeordnete Klauen, die um die überragenden

Enden der beiden Holzlagen fassen, im Zugversuch.

c) Sperrholzverleimungen aus Buche, 3-fach
   Furnierdicke: 1,6 mm
   Größe der verleimten Platten: 250 mm x 250 mm
   Probeform: siehe Abbildung 1 c
   Ermittlung der Schubfestigkeit der Leimfuge

d) Schäftungsverleimungen aus Kiefernkernholz nach DIN-Entwurf 53 253, Ausgabe August 1951
   Probeform: siehe Abbildung 1 d
   Angaben über die Lieferform der verschiedenen Leime und ihre Verarbeitung sind in Tabelle 1 enthalten.

Vor der Feuchteinwirkung lagerten die Verleimungen, und zwar bei den Langholz-, Kreuz- und Sperrholzverleimungen die noch nicht aufgeteilten Platten, 8 Tage lang unter normalen klimatischen Bedingungen (Temperatur: 20° C, relative Luftfeuchtigkeit: 65 %).

Die Befeuchtung der fertig zugeschnittenen Proben erfolgte in Blechkästen mit gut schließendem Deckel von 650 mm x 500 mm x 500 mm Größe. In den Behältern lagen die Proben auf einem Drahtgeweberost bei einem Mindestabstand von etwa 25 mm über dem Wasserspiegel mit Zwischenhölzern gestapelt. Deckel und obere Wandteile waren zur besseren Verteilung der Feuchtigkeit und zur Verhinderung des Abtropfens kondensierter Feuchtigkeit mit Fließpapier verkleidet. Die Kästen befanden sich in einem auf Normalbedingungen eingestellten Klimaraum mit in der Regel maximalen Schwankungen der Temperatur und relativen Luftfeuchtigkeit von $\pm$ 1° C und $\pm$ 3 %. Lediglich in einem Fall (Schäftungsverleimungen) war wegen Wechsels der Laboratoriumsräume eine Klimatisierung der äußeren Umgebung nicht möglich. Die Feuchtigkeitsaufnahme der Holzteile wurde durch Wägung der ganzen Proben ermittelt. Die für den Feuchtigkeitsgehalt in % angegebenen Werte lassen daher in den Anfängen der Einwirkung die ungleichmäßige Verteilung der Feuchtigkeit innerhalb der Proben außer Acht. Zum Vergleich wurden die Leime auf ihre Trockenfestigkeit (Proben 7 Tage in normalem Raumklima gelagert), ihre Wasserfestigkeit (Proben 1 Tag in normalem Raumklima und anschließend 96 Stunden, bei den Schäftungsproben 7 Tage unter Wasser von 20° gelagert) und ihre Wiedertrockenfestigkeit (Proben 7 Tage in normalem Raumklima und anschließend 96 Stunden bzw. 7 Tage unter Wasser von

20° C und dann wieder 7 Tage in normalem Raumklima gelagert), geprüft.

Die neuartige Bestimmungsweise der Bindefestigkeit der Leime an Kreuzverleimungen durch senkrecht zur Leimfläche wirkende Kräfte hat gewisse Vorteile. Bei den auf Schub beanspruchten Langholzproben erfolgt der Bruch in der Weise, daß die in die Poren eingedrungenen und erhärteten Leimzapfen das Holz in der Längsrichtung ausscheren. Die Bindefestigkeit des Leimes wird daher hier in entscheidendem Maße durch die Festigkeit des Holzes an der Grenzschicht Holz - Leim bestimmt. Die bei der Kreuzverleimung senkrecht zur Faser angreifenden Kräfte vermögen demgegenüber eher ein Bild von den unmittelbar zwischen dem Leim und der Holzsubstanz wirksamen adhäsiven Kräften zu vermitteln. Die Prüfmethode berücksichtigt außerdem die in der Praxis häufig vorkommende zusätzliche Beanspruchung der Leimfuge durch gegenläufige Schwund- und Quellkräfte bei kreuzweise verleimten Hölzern infolge von Feuchtigkeitsänderungen und die besondere Empfindlichkeit von Leimverbindungen gegenüber Normalkräften.

## 4. Versuchsergebnisse

Die Sorptionskurven in den Abbildungen 2 bis 5 geben Aufschluß über die Feuchtigkeitsaufnahme der verschiedenartigen verleimten Hölzer während der Dauer der Feuchtlagerung. Die Messungen lassen erkennen, daß die Vorgänge langwierig sind. Ohne eine genauere Differenzierung der verschiedenen Probenformen treffen zu können, dauert es im allgemeinen 2 bis 3 Monate, ehe sich die Proben dem mit Feuchtigkeit gesättigten Klima angepaßt haben und angenähert der Gleichgewichtszustand erreicht ist. Eine wesentliche Rolle dürfte hierbei die Verzögerung der Feuchtigkeitsaufnahme durch die im Holz eine Trennschicht bildende Leimsubstanz spielen. Das hygroskopische Gleichgewicht der aus Buchenvollholz und Buchenfurnieren verleimten Hölzer liegt bei etwa 28 bis 35 %, wobei sich die unteren Werte für die Phenol-Formaldehyd-Kunstharzleimung ergaben, und das der Kiefernholzproben einheitlich bei 25 %. Bei längerer Lagerung der Proben trat mehrfach stärkere Schimmel- und Pilzbildung auf, die eine genaue Bestimmung der Feuchtigkeitsaufnahme unmöglich machte. Auf eine genaue Wiedergabe der Sorptionskurven in ihrer Gesamtheit konnte bei den Versuchen nicht verzichtet werden, um später eine klare Deutung der Auswirkung der Sorptionsvorgänge auf die Bindefestigkeit der Leime zu ermöglichen.

*Forschungsberichte des Wirtschafts- und Verkehrsministeriums Nordrhein-Westfalen*

Der Einfluß der Feuchtigkeitsaufnahme auf die Festigkeit der Leimverbindungen geht aus den Tabellen 2 bis 5 und den Abbildungen 6 bis 10 hervor.

Abbildung 6 zeigt zunächst das Verhalten der Kunstharzleime bei den <u>Längsverleimungen aus Buche.</u> Das Ergebnis ist überraschend. Die Leimfestigkeit fällt nicht, wie dies erwartet werden konnte, mit der Dauer der Feuchtlagerung gleichmäßig ab, sondern läßt bei 3 Leimsorten (Resorzin-, Phenol- und Melamin-Formaldehyd-Kunstleim) übereinstimmend in den Anfängen der Feuchtlagerung gegenüber der Trockenfestigkeit zunächst einen Anstieg, dann einen Abfall und anschließend wieder einen Anstieg der Werte erkennen. Besonders stark sind die Unterschiede der Bindefestigkeit bei dem Melaminharzleim, dessen Feuchtfestigkeit nach 14 Tagen etwa 100 $kg/cm^2$ gegenüber einer Trockenfestigkeit von nur etwa 60 $kg/cm^2$ beträgt. Eine gewisse Stetigkeit zeigt dem gegenüber bis zu einer Versuchsdauer von 2 Monaten die Harnstoffharzverleimung, die nach anfänglich etwa gleichbleibenden Werten nach 2 Monaten nur einen verhältnismäßig geringen Abfall der Bindefestigkeit aufweist. Bei den Leimen aus Resorzin und Phenolharz liegt selbst nach einer Versuchsdauer von etwa 2 Monaten die Feuchtbindefestigkeit noch etwa in der gleichen Höhe wie die Trockenbindefestigkeit. Die hohe Widerstandsfähigkeit der Kunstharzleime gegen Feuchtigkeitseinflüsse wird hierdurch eindringlich unterstrichen. Der unregelmäßige Kurvenverlauf bei den angestellten Untersuchungen läßt Vorgänge in Erscheinung treten, die mit der bisher üblichen Prüfung der Leime nach den bestehenden Normen, wo ausschließlich ein zeitlicher Behandlungszustand vorgesehen ist, nicht erfaßt werden und mit deren Deutung wir uns noch später befassen müssen. Oberhalb einer Dauer der Feuchtbeanspruchung von etwa 2 Monaten fällt die Festigkeit der Leimverbindungen bei allen Leimen plötzlich stark ab, obwohl der hygroskopische Gleichgewichtszustand der Proben bereits erreicht ist, also keine weitere Feuchtigkeitsaufnahme mehr erfolgt. Zunächst wurde eine Deutung dieser Feststellung mit quellmechanischen Vorgängen versucht. Da die nach 3 1/2 Monaten geprüften Proben keine äußeren Veränderungen aufwiesen, wurde angenommen, daß an der Grenzschicht Holz - Leim unter dem dauernden Einfluß der durch die Feuchtigkeitsaufnahme hervorgerufenen Quellspannungen eine Ermüdung der Holzfaser eingetreten sei. Später zeigte sich indes, daß der Vorgang mit der Unbeständigkeit des Holzes in dauernd feuchter Atmosphäre zusammenhängt, indem die Proben nach etwa 3-monatiger Feuchtlagerung starken Schimmel- und Pilzbefall erkennen lassen, der allmählich zu einem völligen Versagen der Festigkeit des Holzes führt. Das Ergebnis der Untersuchungen bei extrem langer Feuchtlagerung muß hiernach bei der Beurteilung der Feuchtbeständigkeit der Leime außer Acht bleiben, da wir in diesem Bereich nicht mehr die Feucht-, sondern die Schimmel- bzw. Pilzfestigkeit der Verleimung prüfen.

Klarer liegen die Verhältnisse bei den zum Vergleich herangezogenen, weniger feuchtigkeitsbeständigen Leimen aus Polyvinylazetat und Kasein (Abb. 7). Die Bindefestigkeit dieser Leime sinkt mit der Dauer der Feuchtigkeitslagerung zunächst nehezu gleichmäßig ab, bis nach 1/2 bis 1 Monat eine Unterbrechung eintritt, der dann ebenfalls durch Zerstörung der Proben infolge von Schimmel- und Pilzbildung ein erneuter Abfall der Festigkeit der Leimverbindungen folgt.

Allgemein beachtenswert ist bei den Längsverleimungen die hohe Trockenbindefestigkeit des Resorzinharzleimes und des Dispersionsleimes aus Polyvinylazetat.

Von den Ergebnissen der Längsverleimungen stark abweichend und wesentlich übersichtlicher ist der Befund bei den Kreuzverleimungen aus Buche (Abb. 8). Scheiden wir auch hier die Versuchsergebnisse oberhalb einer Versuchsdauer von 2 Monaten wegen Schimmel- und Pilzeinwirkung aus, so kann festgestellt werden, daß die Feuchtfestigkeit der Kunstharzleime aus Resorzin-, Phenol- und Harnstoffharz bei auffallend geringen Abweichungen der Werte zu den verschiedenen Zeitpunkten 26 bis 48 % über der Trockenfestigkeit des jeweiligen Leimes liegt. Mit den Ergebnissen der Längsverleimungen stimmen überein der anfängliche Anstieg der Feuchtfestigkeit gegenüber der Trockenfestigkeit und die außergewöhnlich starke Erhöhung der Festigkeit bei dem Melaminharz während der ersten beiden Wochen der Feuchtlagerung, die zur Folge hat, daß bei diesem Leim die Feuchtfestigkeit die Trockenfestigkeit um mehr als 300 % übertrifft. Dagegen blieb der bei den Längsverleimungen beobachtete unregelmäßige Kurvenverlauf mit mehrmaligem Anstieg und Abfall der Bindefestigkeit bei der Kreuzverleimung aus.

Die geringere Feuchtigkeitsbeständigkeit der Leime aus Polyviniylazetat und Kasein ist bei der Kreuzverleimung durch einen Abfall der Bindefestigkeit um 50 bzw. etwa 20 % gekennzeichnet, wenn eine Dauer der Feuchtlagerung von 28 Tagen zugrundegelegt wird.

*Forschungsberichte des Wirtschafts- und Verkehrsministeriums Nordrhein-Westfalen*

Das Ergebnis der Untersuchungen an den Sperrholzverleimungen aus Buche (Abb. 9) zeigt ähnliche Verhältnisse wie bei der Kreuzverleimung; nur trat der anfängliche Anstieg der Feuchtbindefestigkeit gegenüber der Trockenfestigkeit jetzt nicht auf. Die Ermittlungen an den Sperrholzverleimungen sind außerdem deshalb von besonderem Interesse, weil hier bei den Kunstharzleimen die Warm- und Kaltverleimung einander gegenübergestellt wurden. Betrachten wir unter diesem Gesichtspunkt die Harnstoff- und Melamin-Kunstharzverleimung, so kommen wir zu der bedeutungsvollen Feststellung, daß die mit Härtervorstrich hergestellten Leimverbindungen (Harnstoffharz kaltverleimt, Melaminharz heiß verleimt) gegenüber den mit untermischtem Härter bzw. im Heißverfahren verarbeiteten Leimen (Harnstoffharz heißverleimt, Melaminharz kalt verleimt) wesentlich geringere Beständigkeit nicht nur gegenüber Feucht-, sondern vor allem auch Schimmel- und Pilzeinwirkung besitzen. Besonders deutlich sind diese Unterschiede bei der Harnstoffharzverleimung. Hier hat bei der Kaltverleimung mit vorgestrichenem Härter eine etwa 2-monatige Einwirkung von feuchtem Klima, vor allem infolge von Schimmel- und Pilzeinwirkung, zu einem völligen Versagen der Leimfestigkeit geführt, während bei der Heißverleimung mit untergemischtem Härter unter den gleichen Bedingungen gegenüber der Trockenfestigkeit ein Anstieg der Bindefestigkeit von 35 auf 48 kg/cm$^2$ zu verzeichnen war.

Das Ergebnis der Untersuchungen an den Schäftungsproben aus Kiefernkernholz (Abb. 10) läßt als Besonderheit den starken Abfall der Feuchtfestigkeit der untersuchten Leime gegenüber der Trockenfestigkeit in den Anfängen der Feuchtlagerung sowie den starken Wiederanstieg der Feuchtfestigkeit des Phenol-Kunstharzkaltleimes während der zweiten Hälfte der Versuche (1/2 bis 3 Monate) erkennen. In die Augen fallen außerdem die geringe Neigung der verleimten Hölzer zu Schimmel- und Pilzbefall - bei dem Phenol- und Harnstoff-Kunstharzleim betrug selbst bei einer Feuchteinwirkung von 10 Monaten bis zu 1 Jahr die Bindefestigkeit noch 34 bis 41 kg/cm$^2$ - und das verhältnismäßig günstige Abschneiden der Harnstoffharzverleimung, obwohl auch hier das Kaltleimverfahren mit vorgestrichenem Härter angewandt worden war.

Tabelle 10 enthält eine Zusammenstellung der gefundenen Feuchtfestigkeitsmittelwerte im Vergleich zur Trocken- Naß- und Wiedertrockenfestigkeit der Leime.

Forschungsberichte des Wirtschafts- und Verkehrsministeriums Nordrhein-Westfalen

## 5. Zusammenfassende Beurteilung der Versuchsergebnisse und Folgerungen für die Praxis

Das Bild der Feuchtbindefestigkeit der Leime ist auf Grund der angestellten Untersuchungen ziemlich uneinheitlich und wird neben der unmittelbaren Einwirkung der Feuchtigkeit auf den Leim und das Holz offensichtlich in entscheidendem Maß durch Leimart, Verleimungsbedingungen und angewandte Prüfmethode bestimmt. Einheitlich für die verschiedenen Prüfverfahren tritt in der gleichen Weise wie bei der Wasser- und Wiedertrockenfestigkeitsprüfung die höhere Widerstandsfähigkeit der durch Kondensation gewonnenen härtbaren und im ausgehärteten Zustand als dreidimensional vernetzte Molekularstruktur vorliegenden Kunstharzleime gegenüber dem als Emulsion verarbeiteten Polyvinylazetat-Kunststoff-Leim und den auf natürlich organischer Grundlage gewonnenen Leimen wie z.B. Kasein auch bei den Feuchtfestigkeitsversuchen klar in Erscheinung. Unter bestimmten versuchs- und fertigungstechnischen Voraussetzungen liegt die Bindefestigkeit der aus härtenden Kunstharzen hergestellten Verleimungen selbst nach etwa 2-monatiger ununterbrochener Einwirkung von feuchtigkeitsgesättigter Luft höher als die Trockenfestigkeit, während bei dem Dispersionsleim aus Polyvinylazetat und den untersuchten Kaseinleimen je nach der angewandten Prüfmethode ein mehr oder weniger starker Abfall der Bindefestigkeit zu beobachten ist. Wenn die Feuchtbindefestigkeit der härtenden Kunstharzleime deren Trockenfestigkeit übertrifft, so kann dies mit chemischen und mechanischen Einflüssen erklärt werden. Die Versuche ergaben, daß sich bei den angeführten Kunstharzleimen der die Erhärtung des Leimes herbeiführende Kondensationsvorgang, d.h. die sphärokolloide Vernetzung der monomeren Ausgangsstoffe an den freien Valenzen des Kunstharzes unter der Einwirkung der dem Harz zugegebenen bzw. auf die Leimflächen vorgestrichenen Katalysatoren offensichtlich über längere Zeiträume erstreckt als bisher angenommen wurde. Jedenfalls lassen die an den Langholzverleimungen beobachteten starken Schwankungen der Feuchtfestigkeit bei den härtenden Kunstharzleimen darauf schließen, daß die chemische Härtungsreaktion während der Dauer der Feuchtlagerung noch nicht zur Ruhe gekommen war. Anzeichen einer besonders starken chemischen Labilität zeigt die Melaminharzleimung, dessen Feuchtfestigkeit unter den Bedingungen der Versuche 300 % über der Trockenfestigkeit lag. Eine Rolle mag dabei außerdem gespielt haben, daß die Versuchsproben vor der Feuchtlagerung nur mehr eine verhältnismäßig kurze Zeit (7 Tage) unter normalen klimatischen Bedingungen lagerten. Allerdings wurde bisher angenommen, daß diese Zeit genügt, um die Härtungsreaktion im wesentlichen zum Abschluß zu bringen. Unter diesen Umständen liegt der Gedanke nahe, daß die Feuchtlagerung die chemische Reaktion in bestimmten Fällen günstig zu beeinflußen vermag und daher mehr einem Vergütungsvorgang gleichkommt. Unterschiede in der Feuchtigkeitsaufnahme der Proben scheiden als Ursache für die Unterschiede der Feuchtbindefestigkeit während der Versuche aus, da der Verlauf der Sorption nach den beigefügten Schaubildern mit dem der Festigkeit durchweg nicht in Einklang steht. Wenn die geschilderte chemische Labilität der Leime beispielsweise bei der Kreuz- und Sperrholzverleimung nicht immer in Erscheinung tritt, so dürften dabei die Abmessungen der verleimten Platten eine Rolle gespielt haben, indem in den angeführten Fällen durch die gegenüber der Längsverleimung wesentlich kürzeren Wege zu den äußeren Hirnflächen der Hölzer die Abfuhr der flüchtigen Bestandteile des jeweiligen Leimes und damit der Aushärtungsvorgang günstig beeinflußt wurden. Ähnliche Vorgänge sind wahrscheinlich bei der Schäftungsverleimung, wo die Trockenfestigkeit infolge einer beschleunigten Aushärtung des auf die angeschnittenen Längsfasern aufgetragenen Leimes durchweg höher liegt als die Feuchtfestigkeit. Eine günstige Einwirkung mechanischer Einflüsse auf die Leimfestigkeit bei den Versuchen ist in der Weise denkbar, daß die Feuchtigkeitsaufnahme die Elastizität des Holzes erhöht und damit Spannungsspitzen in der Leimfuge, die bekanntermaßen vor allem bei den auf Schub beanspruchten Proben der Längsverleimung das Ergebnis nachteilig beeinflußen, auszugleichen vermag. In welchem Ausmaß die verschiedenen Einflüsse bei den verschiedenen Untersuchungsmethoden wirksam gewesen sind, dürfte man nur schwer mit ausreichender Ganauigkeit abschätzen können.

Bei besonders langer Einwirkung von feuchtigkeitsgesättigter Luft - die Grenze lag bei den Versuchen etwa bei einer Versuchsdauer von mehr als 2 Monaten - ist die Sicherheit der Leimverbindung durch Schimmel- und Pilzbildung im Holz infragegestellt.

Die geringere Widerstandsfähigkeit der im Vorstrichverfahren und auf kaltem Wege hergestellten Verleimungen aus Harnstoffharz und die außergewöhnlich hohe Beständigkeit der mit dem gleichen Leim im Heißverfahren hergestellten Verbindungen bei der Sperrholzverleimung können damit

Forschungsberichte des Wirtschafts- und Verkehrsministeriums Nordrhein-Westfalen

erklärt werden, daß der auf das Holz vorgestrichene Härter für eine völlige Aushärtung der aufgetragenen Leimmasse nicht ausreicht, die Wärmekondensation dagegen eine möglichst weitgehende Bindung sämtlicher freier Valenzen herbeiführt, vorausgesetzt, daß nicht wie bei der Schäftungsverleimung eine bessere Ausweichmöglichkeit der flüchtigen Bestandteile des Leimes während des Abbindungsvorganges die Kondensationsreaktion günstig beeinflußt.

Für die Praxis der Ausbildung geleimter Holzkonstruktionen im Bauwesen ergeben sich aus den angestellten Untersuchungen vor allem die nachstehenden Folgerungen:

a) Eine extrem lange Dauereinwirkung von feuchter Luft kann die Sicherheit geleimter Konstruktionen auch bei den an sich besonders feuchtigkeitsbeständigen härtenden Kunstharzleimen durch Schimmel- und Pilzbildung im Holz infragestellen und muß daher vermieden werden. Die Vorgänge können vor allem deshalb gefährlich werden, weil die Zersetzung des Holzes in den Anfängen der Entwicklung offensichtlich durch Schimmelpilze niederer Art erfolgt und äußerlich nicht ohne weiters erkennbar ist, trotzdem aber bereits zu einer wesentlichen Beeinträchtigung der Leimfestigkeit führen kann (vgl. die Bindefestigkeitswerte nach einer Feuchteinwirkung von 112 Tagen). Der Verfasser konnte sich gelegentlich der Besichtigung einer geleimten Dachkonstruktion davon überzeugen, daß ungewöhnlich lange Feuchteinwirkungen in der Praxis durchaus im Bereich der Möglichkeit liegen. In dem fraglichen Fall hatte sich vor Abdeckung des Daches in den Ausfräsungen der angewandten Zinkenverleimung Regenwasser angesammelt, das sich infolge der schützenden Wirkung des herausgepreßten Leimes nicht im Holz verteilen konnte.

b) Es sollte in Erwägung gezogen werden, bei technischen Holzkonstruktionen zur Erhöhung der Sicherheit nach genügender Austrocknung der Bauteile die Leimverbindungen durch einen zusätzlichen Teiloberflächenschutz, gegebenenfalls mit dem bei der Herstellung verwandten Leim, gegenüber den äußeren klimatischen Einflüssen zu schützen.

c) Durch die Versuche konnte eindeutig erwiesen werden, daß die im Bauwesen fast ausschließlich angewandte Montagekaltverleimung mit auf das Holz vorgestrichenem Härter im Vergleich zur Heißverleimung geringere Widerstandsfähigkeit gegenüber klimatischen Einflüssen besitzt. Es wäre deshalb ratsam zu überprüfen, inwieweit Fertigungsverfahren unter Anwendung der Heißleimung möglich sind, bei der Ausbildung von Dachkonstruktionen z.B. durch Serienverleimung der einzelnen Binder mit Hilfe der Erwärmung der Leimstellen durch hochfrequente elektrische Wechselfelder.

Die angestellten Untersuchungen unterstreichen die Notwendigkeit, die bisherigen Prüfverfahren durch genauere Richtlinien zur Bestimmung der Feuchtfestigkeit der Holzleime zu ergänzen. Betrachten wir die Zusammenstellung in Tabelle 6, so ergibt sich beispielsweise für die Holzverleimung mit einer Polyvinylazetat-Emulsion ein wesentlich günstigeres Bild, wenn wir die Feuchtfestigkeit neben den bisherigen Prüfmethoden mit zur Beurteilung heranziehen. Sie liegt verhältnismäßig hoch (bei der Längsverleimung nach 28-tägiger Feuchteinwirkung 88 kg/cm$^2$), während der Leim bei einer unmittelbaren Wassereinwirkung, wie sie in den bisherigen Prüfvorschriften vorgesehen ist, versagt.

Bei der Auswahl eines geeigneten Prüfverfahrens zur Bestimmung der Feuchtfestigkeit der Leime wird man berücksichtigen müssen, daß ein Beharrungszustand bei der Feuchtlagerung der Versuchsproben, dem eine genau definierte Feuchtfestigkeit entspräche, nicht zu verzeichnen ist. Außerdem erfordert die Gefahr der Schimmel- und Pilzbildung im Holz die Beschränkung der Versuchsdauer auf kürzere Zeit. Doch wird man zur Ausschaltung anfänglicher Streuungen mit einer Lagerungsdauer unter 1 Monat nicht auskommen können. Der bisherige Vorschlag von 28 Tagen kann deshalb als zweckmäßig angesehen werden. Die Anwendung von Längsverleimungen entsprechend DIN 53 254 hätte den Vorteil, daß die Unterschiede der Feuchtfestigkeit bei feuchtfesten und weniger feuchtfesten Leimen besonders deutlich in Erscheinung treten. Die neu angewandte Prüfmethode der Kreuzverleimung besticht durch die Klarheit ihrer Versuchsergebnisse. Das Sperrholzprüfverfahren dürfte vor allem dann Vorteile bieten, wenn es sich darum handelt, den Einfluß der Verleimungsart (Heiß- oder Kaltverleimung) auf die Feuchtfestigkeit der Leime zu überprüfen. Der Prüfung der Leime an Schäftungsproben aus Kiefernholz schließlich wird wegen der hier beobachteten besonders starken Streuungen der Versuchswerte eine untergeordnete Bedeutung zugemessen. Die angestellten Untersuchungen dürften ausreichen, die geplante Aufstellung eines Normblattes zur Bestimmung der Feuchtfestigkeit von Holzleimen in den zuständigen Arbeitsausschüssen des Fachnormenauschusses Materialprüfung zu verwirklichen.

<u>Forschungsberichte des Wirtschafts- und Verkehrsministeriums Nordrhein-Westfalen</u>

Als Güteanforderungen an die im Bauwesen bei der Ausbildung von geleimten Konstruktionen verwandten härtenden Kunstharzleime wird man nach dem Ergebnis der angestellten Untersuchungen überschläglich verlangen können, daß bei der Prüfung an Langholzverleimungen entsprechend DIN 53 254, an Sperrholzverleimungen entsprechend DIN 53 255 und an Kreuzverleimungen entsprechend der neu vorgeschlagenen Methode unter Zugrundelegung einer Versuchsdauer von 28 Tagen die Feuchtfestigkeit die Trockenfestigkeit nicht wesentlich unterschreitet.

                                    Oberreg.Rat Dr.-Ing. W. K Ü C H ,
                                    Staatliches Materialprüfungsamt
                                    Nordrhein-Westfalen
                                    Dortmund

Tabelle 1

**Feuchtbindefestigkeit von Holzleimen**
**Angewandte Leime und Verarbeitungsbedingungen**

| Leim | Kurz-zei-chen | Verlei-mungs-art | Lieferform Leim | Lieferform Härter | Härter-ver-arbei-tung | Leiman-satz G.T.Leim: G.T.Was-ser | Här-ter-zus. G.T.Leim: G.T.Härter | Reif-zeit des Lei-mes Min. | offe-ne Zeit Min. | Leim-druck kg/cm² | Preß-dauer | Preß-Leim-tempe-ratur °C |
|---|---|---|---|---|---|---|---|---|---|---|---|---|
| Resorzin-Formaldehyd-Kunstharzleim | Re_K | L/Kr | flüs-sig | Pul-ver | U | - | 1:5 | 10 | 5 | Zwin-gen | 24 Std. | 20 |
|  | Re_h | Sp | flüs-sig | flüs-sig | U | - | 1:5 | 10 | 30 | 7 | 13 Min. | 70 |
| Phenol-Formaldehyd-Kunstharzkaltleim | Phe_k | L/Kr | flüs-sig | flüs-sig | - | - | - | - | - | Zwin-gen | 24 Std. | 20 |
| Phenol-Formaldehyd-Kunstharzfilm | Phe_F | Sp | Film | - | - | - | - | - | - | 15 | 12 Min. | 140 |
| Harnstoff-Formaldehyd-Kunstharzleim | Ha_K | L/Kr | Pul-ver | flüs-sig | V | 1:0,5 | - | 30 | 10 | Zwin-gen | 24 Std. | 20 |
|  | Ha_h | Sp | Pul-ver | Pul-ver | U | 2,5:1 | 1:6 | - | 5 | 15 | 4 Std. 12 Min. | 95 |
| Melamin-Formaldehyd-Kunstharzleim | Me_K | L/Kr | Pul-ver | Pul-ver | U | 2,5:1 | - | - | 5 | Zwin-gen | 24 Std. 2 Std. | 20 |
|  | Me_h | Sp | flüs-sig | flüs-sig | V | - | - | - | - | 15 | 12 Min. | 105 |
| Polyvinylazetat-Dispersion | Pol | L/Kr. | flüs-sig | - | - | - | - | - | 5 | Zwin-gen | 24 Std. | 20 |
| Kaseinleim | Ka_K | L/Kr | Pul-ver | - | - | 1:1,5 | - | 30 | 5 | 15 | 4 Std. | 20 |
|  | Ka_K | Sp | Pul-ver | - | - | 1:1 | - | 20 | - | 15 | 12 Min. | 70 |

L = Längsverleimung;  Kr = Kreuzverleimung;  Sp = Sperrholzverleimung;
V = Härter vorgestrichen;  U = Härter untergemischt.

## Tabelle 2

### Feuchtbindefestigkeit von Holzleimen

Langholzverleimungen aus Buche entsprechend Abbildung 1 a

| Leim | Zustand der Proben | | u % Mittel | Leimfestigkeit kg/cm² Einzelwerte | | | | | Mittel | Bruchform | | | | |
|---|---|---|---|---|---|---|---|---|---|---|---|---|---|---|
| Resorzin-Formaldehyd-Kunstharz-leim Re_K | trocken | | 12,0 | 170 | 178 | 75 | 132 | | 139 | L | 10H | H | 80H | |
| | naß | | - | 163 | 105 | 108 | 108 | | 121 | L | 50H | H | | |
| | wiedertrocken | | - | 142 | 191 | 116 | 119 | | 142 | H | 80H | H | | |
| | feucht | 1 Tag | 13,2 | 156 | 125 | 228 | | | 170 | H | H | H | | |
| | | 3 Tage | 18,7 | 156 | 123 | 200 | | | 160 | 90H | 90H | 10H | | |
| | | 7 Tage | 20,5 | 108 | 134 | 122 | | | 122 | H | 80H | 80H | H | |
| | | 14 Tage | 19,5 | 105 | 108 | 154 | 115 | 125 | 121 | H | H | L | 60H | |
| | | 28 Tage | 23,9 | 197 | 138 | 149 | 95 | 118 | 139 | L | 50F | 50F | H | 80H |
| | | 56 Tage | 27,6 | 100 | 158 | 113 | 180 | 148 | 140 | H | 10H | H | 20H | 40H |
| | | 112 Tage | - | 52 | 56 | 64 | 47 | 46 | 53 | 80H | H | H | H | H |
| | | 200 Tage | - | | | - | | | O P | | | H | | |
| Phenol-Formaldehyd-Kunstharzleim Phe_K | trocken | | 12,5 | 84 | 124 | 121 | 110 | | 110 | H | 90H | H | H | |
| | naß | | - | 23 | 98 | 88 | 83 | | 73 | 50H | H | H | | |
| | wiedertrocken | | - | 125 | 96 | | | | 111 | H | H | | | |
| | feucht | 1 Tag | 14,7 | 130 | 173 | 113 | 109 | | 131 | H | H | H | H | |
| | | 3 Tage | 19,7 | 102 | 120 | 174 | 113 | | 127 | H | 60H | L | H | |
| | | 7 Tage | 25,7 | 74 | 100 | 97 | 106 | 108 | 97 | H | H | H | H | |
| | | 14 Tage | 19,8 | 125 | 114 | 80 | 111 | 121 | 110 | H | H | H | H | |
| | | 28 Tage | 25,9 | 108 | 97 | 122 | 122 | 119 | 114 | H | 90H | H | H | |
| | | 56 Tage | 27,3 | 134 | 93 | 100 | 91 | 113 | 106 | 20H | H | H | H | |
| | | 112 Tage | - | 78 | 55 | 58 | 63 | 66 | 64 | H | 90H | H | H | |
| | | 200 Tage | - | | | - | | | O P | | | H | | |

Tabelle 2 (1. Fortsetzung)

Feuchtbindefestigkeit von Holzleimen

Langholzverleimungen aus Buche entsprechend Abbildung 1 a

| Leim | Zustand der Proben | | u % Mittel | Leimfestigkeit kg/cm² Einzelwerte | | | | Mittel | Bruchform | | | |
|---|---|---|---|---|---|---|---|---|---|---|---|---|
| Harnstoff-Formaldehyd-Kunstharzleim (kalt) $Ha_K$ | trocken | | 12,2 | 128 | 85 | 130 | 108 | 113 | H | H | H | H |
| | naß | | - | 140 | 109 | 103 | 109 | 115 | L | 50H | L | L |
| | wiedertrocken | | - | 124 | 128 | 121 | 120 | 123 | H | H | H | H |
| | feucht | 1 Tag | 16,4 | 101 | 110 | 113 | 108 | 108 | H | H | H | H |
| | | 3 Tage | 16,4 | 123 | 104 | 127 | 105 | 115 | H | H | H | H |
| | | 7 Tage | 18,5 | 103 | 113 | 137 | 110 | 115 | L | L | 50H | H L |
| | | 14 Tage | 29,7 | 110 | 108 | 109 | 100 | 107 | H | H | H | H |
| | | 28 Tage | 24,5 | 123 | 109 | 91 | 89 | 105 | H | H | H | H |
| | | 56 Tage | 30,4 | 93 | 100 | 102 | 100 | 99 | L | H | H | H |
| | | 112 Tage | - | 69 | 62 | 100 | 68 | 80 | L | H | L | L L |
| | | 200 Tage | - | - | - | - | - | O P | | | | H |
| Melamin-Formaldehyd-Kunstharzleim (kalt) $Me_K$ | trocken | | 12,0 | 59 | 33 | 92 | - | 61 | L | L | L | L |
| | naß | | - | 80 | 89 | 74 | 92 | 81 | H | L | L | L |
| | wiedertrocken | | - | 70 | - | - | - | 70 | L | | | |
| | feucht | 1 Tag | 14,7 | 87 | 50 | 94 | 83 | 78 | L | L | L | L |
| | | 3 Tage | 17,4 | 77 | 96 | 91 | 98 | 91 | 50 H | 60H | L | L |
| | | 7 Tage | 20,4 | 103 | 40 | 96 | 94 | 78 | L | L | H | L L |
| | | 14 Tage | 23,5 | 115 | 103 | 108 | 85 | 103 | 30H | H | 30H | H |
| | | 28 Tage | 25,0 | 102 | 86 | 99 | 106 | 90 | H | H | H | H |
| | | 56 Tage | 30,3 | 88 | 43 | 98 | 81 | 78 | H | H | H | H |
| | | 112 Tage | - | 21 | 63 | 62 | 62 | 56 | L | 80H | 20H | H 60H |
| | | 200 Tage | - | - | - | - | - | O P | | | | H |

Seite 23

(2. Fortsetzung)

**Tabelle 2**

**Feuchtbindefestigkeit von Holzleimen**

Langholzverleimungen aus Buche entsprechend Abbildung 1 a

| Leim | Zustand der Proben | | u % Mittel | Leimfestigkeit kg/cm² Einzelwerte | | | | | Mittel | Bruchform |
|---|---|---|---|---|---|---|---|---|---|---|
| Polivinyl-azetat-Dispersion Pol | trocken | | 11,7 | 128 | 147 | 157 | 115 | | 137 | 80H H H |
| | naß | | - | - | | | | | - | - |
| | wiedertrocken | | - | - | | | | | - | - |
| | feucht | 1 Tag | 14,8 | 156 | 111 | 128 | | | 132 | 90H 50H 90H |
| | | 3 Tage | 18,5 | 118 | 143 | 127 | 105 | | 123 | H 30H 20H L |
| | | 7 Tage | 22,1 | 122 | 111 | 64 | 121 | 66 | 97 | 10H 10F L L L |
| | | 14 Tage | 26,7 | 99 | 86 | 63 | 57 | 82 | 77 | 10F L L L 10F |
| | | 28 Tage | 25,3 | 78 | 89 | 91 | 93 | 90 | 88 | 10H L L L 10F |
| | | 56 Tage | 30,0 | 65 | 53 | 49 | 54 | 63 | 56 | L L L L 10F |
| | | 112 Tage | - | 15 | 24 | 0 | 21 | 14 | 15 | L L L L L |
| | | 200 Tage | - | | | - | | | 0 P | H |
| Kaseinleim (kalt) Ka_K | trocken | | 11,7 | 138 | 113 | 128 | | | 127 | H 50H 90H |
| | naß | | - | 18 | 26 | 43 | 25 | | 28 | L L L L |
| | wiedertrocken | | - | 108 | 91 | 133 | | | 111 | 50H 60H |
| | feucht | 1 Tag | 14,7 | 126 | 122 | 115 | | | 121 | 90H H H |
| | | 3 Tage | 19,5 | 71 | 98 | 107 | | | 92 | L L L |
| | | 7 Tage | 23,1 | 78 | 55 | 63 | 56 | 87 | 68 | 10F L L L L |
| | | 14 Tage | 25,7 | 56 | 45 | 67 | 69 | 56 | 59 | L L L L L |
| | | 28 Tage | 25,8 | 76 | 95 | 92 | 62 | 107 | 86 | L L L L L |
| | | 56 Tage | - | 34 | 41 | 25 | 100 | 98 | 60 P | L L L L L |
| | | 112 Tage | - | | | | | | 0 P | L |

u = Feuchtigkeitsgehalt der Proben; F = Holzfaser an der Leimfuge ausgeschert; H = Holzbruch;
L = Leimfugenbruch; 50 H = 50 % Holzbruch; P = äußerlich wahrnehmbarer Pilzbefall.

T a b e l l e  3

**Feuchtbindefestigkeit von Holzleimen**

Kreuzverleimungen aus Buche entsprechend Abbildung 1 b

| Leim | Zustand der Proben | | u % Mittel | Festigkeit der Leimfuge kg/cm² | | | | | Bruchform | | | | |
|---|---|---|---|---|---|---|---|---|---|---|---|---|---|
| | | | | Einzelwerte | | | | Mittel | | | | | |
| Resorzin-Formaldehyd-Kunstharzleim (kalt) Re$_K$ | trocken | | 12,1 | 26 | 26 | 26 | 26 | 26 | L 80H | 60H | L | 10H | |
| | naß | | 62,5 | 34 | 33 | 31 | 35 | 33 | 90H | H | 20H | 80H | 80H |
| | wiedertrocken | | 11,3 | 28 | 18 | 26 | 22 | 24 | L | 10F | H | 10H | H |
| | feucht | 1 Tag | 13,9 | 31 | 17 | 32 | 21 | 29 | 10F | 10F | 80H | 90H | L |
| | | 3 Tage | 19,5 | 28 | 35 | 33 | 35 | 32 | 20F | 80H | 90H | L | 10F |
| | | 7 Tage | 23,0 | 35 | 35 | 35 | 33 | 35 | 10H | 80H | 10H | 80H | 80H |
| | | 14 Tage | 20,7 | 33 | 41 | 31 | 29 | 34 | H | 20F | 80H | 10H | 20H |
| | | 28 Tage | - | 33 | 36 | 38 | 35 | 35 | 80H | 10F | 10H | 80H | H |
| | | 56 Tage | 31,5 | 34 | 33 | 36 | 38 | 34 | 10H | 80H | 80H | 40H | 10H |
| | | 112 Tage | - | 19 | 21 | 19 | 20 | 19 | 80H | 80H | 90H | 90H | H |
| | | 200 Tage | - | 4 | 4 | 5 | 5 | 4 P | | | H | | |
| Phenol-Formaldehyd-Kunstharzleim (kalt) Phe$_K$ | trocken | | 11,9 | 33 | 21 | 29 | 28 | 27 | H | 60H | L | 80H | 50H |
| | naß | | 68,4 | 27 | 30 | 31 | 35 | 30 | 80H | 10F | 90H | L | H |
| | wiedertrocken | | - | 24 | 26 | 21 | 23 | 24 | H | L | 40H | 20H | 20H |
| | feucht | 1 Tag | 14,4 | 28 | 25 | 34 | 27 | 31 | H | L | H | L | H |
| | | 3 Tage | 20,9 | 33 | 30 | 30 | 32 | 31 | 50H | 20F | 20F | 20F | 80H |
| | | 7 Tage | 24,5 | 27 | 36 | 40 | 28 | 32 | 60H | H | 20H | 50H | 80H |
| | | 14 Tage | 19,9 | 32 | 27 | 33 | 29 | 30 | H | 80H | 40H | 40H | 10F |
| | | 28 Tage | 25,8 | 34 | 30 | 33 | 31 | 34 | 80H | 80H | 80H | 40F | 80H |
| | | 56 Tage | 28,5 | 26 | 36 | 29 | 39 | 31 | H | H | H | 50H | H |
| | | 112 Tage | - | 22 | 20 | 19 | 20 | 20 | H | H | H | 90H | |
| | | 200 Tage | - | 5 | 5 | 7 | 9 | 6 P | H | | | | |

**Forschungsberichte des Wirtschafts- und Verkehrsministeriums Nordrhein-Westfalen**

Tabelle 3 (1. Fortsetzung)

Feuchtbindefestigkeit von Holzleimen

Kreuzverleimungen aus Buche entsprechend Abbildung 1 b

| Leim | Zustand der Proben | | u % Mittel | Festigkeit der Leimfuge kg/cm² Einzelwerte | | | | | Mittel | Bruchform |
|---|---|---|---|---|---|---|---|---|---|---|
| Harnstoff-Formaldehyd-Kunstharzleim (kalt) Ha$_K$ | trocken | | 12,1 | 25 | 21 | 16 | 21 | 21 | 21 | 60H H 10H H 50H |
| | naß | | 69,0 | 29 | 32 | 32 | 32 | 31 | 31 | 80H H 60H H H |
| | wiedertrocken | | 16,6 | 22 | 21 | 21 | 15 | 19 | 20 | 90H 80F 90F 10F 70F |
| | feucht | 1 Tag | 19,0 | 27 | 32 | 32 | 35 | 32 | 32 | 50F 80H H 80H H |
| | | 3 Tage | 17,1 | 30 | 24 | 39 | 25 | 32 | 30 | H 70H 10F 30F 50H |
| | | 7 Tage | 20,6 | 28 | 26 | 27 | 26 | 28 | 27 | H H 90H 10F H |
| | | 14 Tage | – | 33 | 31 | 35 | 31 | 30 | 32 | 60H H 10F H H |
| | | 28 Tage | 30,5 | 30 | 31 | 33 | 26 | 33 | 31 | H H 10F H H |
| | | 56 Tage | – | 34 | 31 | 31 | 33 | 31 | 32 | H H H H 50H |
| | | 112 Tage | – | 15 | 15 | 19 | 18 | 14 | 16 | H H H H H |
| | | 200 Tage | – | – | – | – | – | – | O P | H |
| Melamin-Formaldehyd-Kunstharzleim (kalt) Me$_K$ | trocken | | 12,0 | 5 | 5 | 7 | 7 | 12 | 7 | L L L L L |
| | naß | | – | – | – | – | – | – | 0 | L |
| | wiedertrocken | | – | – | – | – | – | – | 0 | L |
| | feucht | 1 Tag | 14,5 | 20 | 17 | 10 | 3 | 11 | 12 | L L L L L |
| | | 3 Tage | 20,2 | 17 | 16 | 17 | 17 | 15 | 16 | 10F 10F L L 50F |
| | | 7 Tage | 22,9 | 27 | 18 | 27 | 24 | 22 | 24 | 10H L 20H 20H 40H |
| | | 14 Tage | 20,1 | 33 | 30 | 25 | 30 | 24 | 28 | 80H 10F 50H 30F L |
| | | 28 Tage | 29,4 | 26 | 30 | 26 | 31 | 34 | 29 | 90H H 30F 80H |
| | | 56 Tage | 29,4 | 31 | 35 | 30 | 27 | 26 | 30 | H 70H 50F 50F H |
| | | 112 Tage | – | 22 | 22 | 21 | 16 | 18 | 20 | 50H 50H H H H |
| | | 200 Tage | – | – | – | – | – | – | O P | H |

Tabelle 3 (2. Fortsetzung)

Feuchtbindefestigkeit von Holzleimen

Kreuzverleimungen aus Buche entsprechend Abbildung 1 b

| Leim | Zustand der Proben | | u % Mittel | Festigkeit der Leimfuge kg/cm² Einzelwerte | | | | | Mittel | Bruchform |
|---|---|---|---|---|---|---|---|---|---|---|
| Polyvinyl-azetat-Dispersion Pol | trocken | | 11,5 | 11 | 11 | 27 | 25 | 24 | 20 | 10H L 50H 90H 90H |
| | naß | | 72,2 | | 0 | | | | 0 | L |
| | wiedertrocken | | 15,1 | 8 | 12 | 0 | 4 | 8 | 6 | L L L L |
| | feucht | 1 Tag | 15,1 | 24 | 26 | 32 | 36 | 27 | 29 | 50H 40H H 80H 50H |
| | | 3 Tage | 19,6 | 25 | 24 | 15 | 25 | 27 | 23 | 50H 50H 20H 20F |
| | | 7 Tage | 22,7 | 17 | 15 | 17 | 9 | 17 | 15 | F L L 10H |
| | | 14 Tage | 26,0 | 11 | 22 | 32 | 15 | 7 | 17 | L 10H L L L |
| | | 28 Tage | 29,8 | 10 | 15 | 9 | 9 | 5 | 10 | L L L L L |
| | | 56 Tage | 29,2 | 20 | 9 | 8 | 13 | 11 | 12 | L L L L L |
| | | 112 Tage | - | 3 | 3 | 3 | 3 | 10 | 4 P | L L L L 80H |
| | | 200 Tage | - | 3 | 3 | 2 | 3 | | 3 P | H H H H |
| Kaseinleim (kalt) Ka_K | trocken | | 12,4 | 33 | 27 | 24 | 24 | 21 | 26 | H H 80H 80H L |
| | naß | | 65,0 | 0 | 13 | 4 | 5 | 0 | 4 | L L L L L |
| | wiedertrocken | | 18,9 | 3 | 0 | 0 | 0 | 0 | 0 | L L L L L |
| | feucht | 1 Tag | 14,4 | 38 | 38 | 33 | 37 | 31 | 35 | 70F 50H 10H 90H 20H |
| | | 3 Tage | 21,8 | 32 | 30 | 31 | 31 | 29 | 31 | 80H H 40H 80H L |
| | | 7 Tage | 25,1 | 23 | 20 | 13 | 15 | 17 | 18 | 70H 20H L 20H 60H |
| | | 14 Tage | 23,6 | 11 | 31 | 34 | 24 | 27 | 25 | L 60H L 50F 80H |
| | | 28 Tage | 29,2 | 22 | 20 | 22 | 16 | 24 | 21 | L L L L L |
| | | 56 Tage | - | 19 | 5 | 21 | 7 | 21 | 15 P | 10H L 10H L 50H |
| | | 112 Tage | - | - | | | | | 0 P | L |

**Forschungsberichte des Wirtschafts- und Verkehrsministeriums Nordrhein-Westfalen**

**T a b e l l e   4**

Feuchtbindefestigkeit von Holzleimen

Sperrholzverleimungen aus Buche entsprechend Abbildung 1 c

| Leim | Zustand der Proben | | u % Mittel | Festigkeit der Leimfuge kg/cm² | | | | | Bruchform | | | | |
|---|---|---|---|---|---|---|---|---|---|---|---|---|---|
| | | | | Einzelwerte | | | | Mittel | | | | | |
| Resorzin-Formaldehyd-Kunstharzleim (heiß) Re$_h$ | trocken | | 11,1 | 44 | 38 | 43 | 38 | 41 | 5H | L | H | H | |
| | naß | | - | 28 | 27 | 23 | 26 | 26 | L | | | | |
| | wiedertrocken | | 11,9 | 46 | 47 | 46 | 47 | 47 | 50H | 80H | H | 80H | |
| | feucht | 1 Tag | 12,3 | 45 | 41 | 43 | 47 | 44 | H | 90H | H | 10F | |
| | | 3 Tage | 15,5 | 42 | 45 | 47 | 42 | 44 | H | 10H | 50H | 50H | |
| | | 7 Tage | 21,1 | 40 | 40 | 41 | 43 | 41 | 60H | L | 50H | 10H | |
| | | 14 Tage | 20,0 | 38 | 42 | 43 | 39 | 41 | L | L | H | L | |
| | | 28 Tage | 26,3 | 34 | 37 | 36 | 31 | 35 | L | 10H | L | 10H | |
| | | 56 Tage | 29,7 | 35 | 34 | 38 | 38 | 36 | L | L | L | L | |
| | | 112 Tage | - | 27 | 28 | 24 | 26 | 26 | 10H | L | L | 50H | |
| | | 200 Tage | - | | | | - | O P | | H | | | |
| Phenol-Formaldehyd-Kunstharzfilm Phe$_F$ | trocken | | 7,7 | 52 | 38 | 41 | 41 | 43 | H | H | H | | |
| | naß | | - | 26 | 26 | 26 | 23 | 25 | 90H | F | 50H | L | |
| | wiedertrocken | | 12,2 | 24 | 34 | 32 | 29 | 30 | H | H | H | | |
| | feucht | 1 Tag | 8,7 | 35 | 36 | 36 | 42 | 37 | 90H | H | 30F | H | |
| | | 3 Tage | 12,5 | 33 | 31 | 37 | 34 | 34 | H | H | 40F | H | |
| | | 7 Tage | 18,7 | 36 | 42 | 39 | 36 | 38 | 80H | 90H | 90H | H | |
| | | 14 Tage | 17,8 | 37 | 33 | 33 | 32 | 34 | H | 50H | 80H | H | |
| | | 28 Tage | 25,7 | 26 | 29 | 29 | 26 | 28 | H | 90H | H | H | |
| | | 56 Tage | 28,2 | 29 | 23 | 28 | 27 | 27 | 50F | 30F | H | H | |
| | | 112 Tage | - | 28 | 27 | 26 | 29 | 27 | 50F | H | F | H | |
| | | 200 Tage | - | | | - | | O P | | H | | | |

Tabelle 4 (1. Fortsetzung)

**Feuchtbindefestigkeit von Holzleimen**

Sperrholzverleimungen aus Buche entsprechend Abbildung 1 c

| Leim | Zustand der Proben | | u % Mittel | Festigkeit der Leimfuge kg/cm² Einzelwerte | | | | Mittel | Bruchform | | | |
|---|---|---|---|---|---|---|---|---|---|---|---|---|
| Melamin-Formaldehyd-Kunstharzleim (kalt) Me_K | trocken | | 11,3 | 28 | 29 | 37 | 42 | 34 | H | H | H | |
| | naß | | - | 34 | 35 | 34 | 29 | 34 | F | H | 90H | H |
| | wiedertrocken | | 12,4 | 33 | 38 | 35 | | 35 | H | H | H | |
| | feucht | 1 Tag | 9,4 | 34 | 34 | 32 | 27 | 32 | H | 50H | H | 40H |
| | | 3 Tage | 11,7 | 31 | 40 | 41 | 37 | 37 | H | H | 50H | H |
| | | 7 Tage | 21,8 | 38 | 24 | 33 | 35 | 33 | H | H | H | H |
| | | 14 Tage | 18,4 | 39 | 35 | 39 | 36 | 37 | 10F | 50H | H | 60H |
| | | 28 Tage | 27,0 | 32 | 26 | 28 | 32 | 30 | H | H | H | H |
| | | 56 Tage | 29,4 | 42 | 12 | 42 | 20 | 29 | H | L | 80H | H |
| | | 112 Tage | - | 31 | 40 | 30 | 32 | 33 | H | L | 50H | H |
| | | 200 Tage | - | - | - | - | - | 0 | | | H | |
| Melamin-Formaldehyd-Kunstharzleim (heiß) Me_h | trocken | | 12,8 | 36 | 32 | 36 | 35 | 35 | H | 10F | 5F | H |
| | naß | | - | 0 | 6 | 9 | 5 | 5 | L | L | L | L |
| | wiedertrocken | | 12,1 | 30 | 29 | 37 | 33 | 32 | 80H | H | H | H |
| | feucht | 1 Tag | 10,4 | 34 | 35 | 37 | 35 | 35 | H | 90H | H | H |
| | | 3 Tage | 21,5 | 29 | 29 | 32 | 30 | 30 | F | F | F | F |
| | | 7 Tage | 24,8 | 25 | 28 | 31 | 19 | 26 | 10F | H | H | L |
| | | 14 Tage | 21,6 | 21 | 31 | 29 | 34 | 29 | 10H | 50H | 20F | 50F |
| | | 28 Tage | 30,5 | 8 | 8 | 11 | 12 | 10 | L | L | L | L |
| | | 56 Tage | - | 6 | 6 | 11 | 6 | 7 | L | L | L | L |
| | | 112 Tage | - | - | - | - | - | 0 | | | H | |

Seite 29

Tabelle 4 (2. Fortsetzung)

Feuchtbindefestigkeit von Holzleimen

Sperrholzverleimungen aus Buche entsprechend Abbildung 1 c

| Leim | Zustand der Proben | u % Mittel | Festigkeit der Leimfuge kg/cm² Einzelwerte | | | | Mittel | Bruchform | | | |
|---|---|---|---|---|---|---|---|---|---|---|---|
| Harnstoff-Formaldehyd-Kunstharzleim (kalt) Ha_K | trocken | 11,3 | 32 | 29 | 32 | 32 | 31 | 10H | L | L | L |
| | naß | – | 20 | 18 | 15 | – | 18 | L | L | L | |
| | wiedertrocken | 8,4 | 17 | 18 | 20 | 18 | 18 | L | L | L | L |
| | feucht 1 Tag | 13,0 | 32 | 29 | 30 | 26 | 29 | 50H | 80H | L | L |
| | 3 Tage | 14,0 | 23 | 27 | 31 | 27 | 27 | L | L | L | L |
| | 7 Tage | 21,0 | 16 | 21 | 16 | 15 | 17 | L | L | 10F | L |
| | 14 Tage | 22,2 | 16 | 15 | 18 | 18 | 17 | L | L | L | L |
| | 28 Tage | – | 3 | 3 | 9 | 13 | 7 P | L | L | L | L |
| | 56 Tage | – | – | – | – | – | O P | L | | | |
| Harnstoff-Formaldehyd-Kunstharzleim (heiß) Ha_h | trocken | 10,3 | 35 | 32 | 35 | 38 | 35 | H | H | H | H |
| | naß | – | 39 | 48 | 43 | – | 33 | L | 50H | 50H | |
| | wiedertrocken | 11,8 | 36 | 28 | 42 | – | 35 | 10H | H | 60H | |
| | feucht 1 Tag | 8,8 | 27 | 32 | 34 | 31 | 31 | H | H | H | H |
| | 3 Tage | 9,2 | 32 | 35 | 33 | 31 | 33 | H | H | H | H |
| | 7 Tage | 16,1 | 36 | 32 | 34 | 33 | 34 | H | H | H | H |
| | 14 Tage | 17,2 | 38 | 42 | 42 | 34 | 39 | H | H | 10H | H |
| | 28 Tage | 21,8 | 38 | 46 | 38 | 44 | 42 | H | H | H | H |
| | 56 Tage | 29,8 | 44 | 41 | 53 | 55 | 48 | 50H | 90H | 30H | 90H |
| | 112 Tage | – | 30 | 39 | 46 | 38 | 38 | 10H | L | 50H | H |
| | 200 Tage | – | – | – | – | – | O P | H | | | |

Seite 30

## Tabelle 4 (3. Fortsetzung)

**Feuchtbindefestigkeit von Holzleimen**

Sperrholzverleinungen aus Buche entsprechend Abbildung 1 c

| Leim | Zustand der Proben | | u % Mittel | Festigkeit der Leimfuge kg/cm² Einzelwerte | | | | Mittel | Bruchform | | | |
|---|---|---|---|---|---|---|---|---|---|---|---|---|
| Polyvinyl-azetat-Dispersion Pol | trocken | | 10,2 | 48 | 40 | 36 | 25 | 37 | 10F | L | L | F |
| | naß | | - | 0 | 0 | 0 | 0 | 0 | L | L | L | L |
| | wiedertrocken | | - | 0 | 0 | 0 | 0 | 0 | L | L | L | L |
| | feucht | 1 Tag | 10,6 | 40 | 42 | 35 | 41 | 40 | L | L | L | L |
| | | 3 Tage | 12,3 | 34 | 32 | 40 | 37 | 36 | L | L | 50H | L |
| | | 7 Tage | 23,2 | 11 | 21 | 17 | 14 | 16 | L | L | L | L |
| | | 14 Tage | 20,2 | 36 | 4 | 37 | 36 | 28 P | 50H | P | L | L |
| | | 28 Tage | 25,1 | 23 | 23 | 25 | 25 | 24 P | L | L | L | L |
| | | 56 Tage | 28,8 | 13 | 13 | 17 | 18 | 15 P | L | L | L | L |
| | | 112 Tage | - | 13 | 13 | 13 | 12 | 13 P | L | L | L | L |
| | | 200 Tage | - | | - | | | 0 P | H | | | |
| Kaseinleim (kalt) Ka$_K$ | trocken | | 12,5 | 38 | 33 | 36 | 43 | 38 | 10F | 50H | 50H | 60H |
| | naß | | - | 15 | 12 | | | 14 | L | L | | |
| | wiedertrocken | | - | | - | | | - | - | | | |
| | feucht | 1 Tag | 11,2 | 28 | 34 | 34 | 34 | 33 | L | L | 30F | L |
| | | 3 Tage | 15,6 | 36 | 36 | 25 | 23 | 30 | 50H | 50H | 30H | L |
| | | 7 Tage | 20,7 | 36 | 23 | 26 | 26 | 28 | 20F | L | L | 10H |
| | | 14 Tage | 27,0 | 11 | 21 | 26 | 15 | 18 | L | L | 50H | 50H |
| | | 28 Tage | - | 9 | 21 | 16 | 16 | 16 P | L | L | L | L |
| | | 56 Tage | - | 0 | 0 | 0 | 0 | 0 P | L | L | L | L |

**Tabelle 4** (4. Fortsetzung)

Feuchtbindefestigkeit von Holzleimen

Sperrholzverleimungen aus Buche entsprechend Abbildung 1 c

| Leim | Zustand der Proben | | u % Mittel | Festigkeit der Leimfuge kg/cm² Einzelwerte | | | | Mittel | Bruchform | | | |
|---|---|---|---|---|---|---|---|---|---|---|---|---|
| Kaseinleim (heiß) Ka$_h$ | trocken | | 11,8 | 29 | 31 | 30 | 28 | 30 | L | L | L | L |
| | naß | | - | | | | | 0 | L | L | L | L |
| | wiedertrocken | | - | | | | | 0 | L | L | L | L |
| | feucht | 1 Tag | 11,3 | 18 | 14 | 15 | 18 | 16 | L | L | L | L |
| | | 3 Tage | 15,9 | 18 | 11 | 8 | 13 | 13 | L | L | L | L |
| | | 7 Tage | 25,6 | 0 | 3 | 2 | 6 | 3 | L | L | L | L |
| | | 14 Tage | 25,9 | | | | | 0 | L | L | L | L |
| | | 28 Tage | - | | | | | 0 P | L | L | L | L |
| | | 56 Tage | - | | | | | 0 P | L | L | L | L |

**Forschungsberichte des Wirtschafts- und Verkehrsministeriums Nordrhein-Westfalen**

T a b e l l e  5

Feuchtbindefestigkeit von Holzleimen

Schäftungsverleimungen aus Kiefer entsprechend Abbildung 1 d

| | Zustand der Proben | | u % Mittel | Festigkeit der Leimfuge kg/cm² Grenzwerte | | Mittel |
|---|---|---|---|---|---|---|
| Phenol-Formaldehyd-Kunstharzleim (kalt) Phe$_K$ | trocken | | 9,7 | 75 | 88 | 80 |
| | naß | | - | 29 | 40 | 33 |
| | wiedertrocken | | 12,1 | 62 | 83 | 72 |
| | feucht | 1 Tag | 16,6 | 58 | 67 | 63 |
| | | 3 Tage | 17,4 | 46 | 55 | 49 |
| | | 7 Tage | 17,5 | 25 | 45 | 38 |
| | | 14 Tage | 21,0 | 24 | 29 | 26 |
| | | 28 Tage | 23,8 | 35 | 40 | 37 |
| | | 56 Tage | 24,0 | 33 | 55 | 40 |
| | | 112 Tage | 24,8 | 43 | 86 | 61 |
| | | 300 Tage | 25,0 | 36 | 59 | 47 |
| Harnstoff-Formaldehyd-Kunstharzleim (kalt) Ha$_K$ | trocken | | 10,3 | 84 | 90 | 32 |
| | naß | | - | 26 | 38 | 54 |
| | wiedertrocken | | 14,1 | 48 | 63 | 74 |
| | feucht | 1 Tag | 10,2 | 63 | 93 | 70 |
| | | 3 Tage | 16,5 | 60 | 89 | 71 |
| | | 7 Tage | 20,7 | 61 | 83 | 70 |
| | | 14 Tage | 22,0 | 58 | 75 | 56 |
| | | 28 Tage | 25,0 | 44 | 68 | 53 |
| | | 56 Tage | 25,0 | 48 | 61 | 57 |
| | | 112 Tage | 25,0 | 49 | 74 | 57 |
| | | 420 Tage | 25,0 | 32 | 38 | 34 |

**Tabelle 5** (1. Fortsetzung)

Feuchtbindefestigkeit von Holzleimen

Schäftungsverleimungen aus Kiefer entsprechend Abbildung 1 d

| Leim | Zustand der Proben | | u % Mittel | Festigkeit der Leimfuge kg/cm² | | |
|---|---|---|---|---|---|---|
| | | | | Grenzwerte | | Mittel |
| Polyvinylazetat-Dispersion Pol | trocken | | 11,5 | 109 | 149 | 122 |
| | naß | | - | 8 | 12 | 10 |
| | wiedertrocken | | 12,5 | 71 | 96 | 83 |
| | feucht | 1 Tag | 13,8 | 61 | 80 | 71 |
| | | 3 Tage | 13,4 | 61 | 71 | 66 |
| | | 7 Tage | 13,9 | 37 | 52 | 46 |
| | | 14 Tage | 14,2 | 34 | 47 | 40 |
| | | 28 Tage | 14,9 | 30 | 40 | 37 |
| | | 56 Tage | 18,7 | 22 | 34 | 26 |
| | | 112 Tage | 24,4 | 26 | 30 | 28 |
| | | 330 Tage | 25,0 | - | - | 0 |
| Kaseinleim (kalt) Ka$_K$ | trocken | | 11,9 | 55 | 67 | 63 |
| | naß | | - | 3 | 10 | 6 |
| | wiedertrocken | | 13,9 | 37 | 72 | 51 |
| | feucht | 1 Tag | 14,0 | 30 | 45 | 34 |
| | | 3 Tage | 16,7 | 38 | 57 | 48 |
| | | 7 Tage | 14,2 | 21 | 39 | 30 |
| | | 14 Tage | 17,4 | 34 | 48 | 39 |
| | | 28 Tage | 18,9 | 21 | 33 | 29 |
| | | 56 Tage | 24,0 | 16 | 23 | 20 |
| | | 112 Tage | 24,6 | - | - | 0 |

**Forschungsberichte des Wirtschafts- und Verkehrsministeriums Nordrhein-Westfalen**

Tabelle 6

Trocken-, Naß-, Wiedertrocken- und Feuchtfestigkeit von Holzleimen

| Leim | Langholzverleimung |||||| Kreuzverleimung |||||| Sperrholzverleimung |||||| Schäftungsverleimung |||||||
|---|---|---|---|---|---|---|---|---|---|---|---|---|---|---|---|---|---|---|---|---|---|---|---|---|
| | trok-ken | naß | wieder-trok-ken | feucht 28 Tage | feucht 56 Tage | feucht 112 Tage | trok-ken | naß | wieder-trok-ken | feucht 28 Tage | feucht 56 Tage | feucht 112 Tage | trok-ken | naß | wieder-trok-ken | feucht 28 Tage | feucht 56 Tage | feucht 112 Tage | trok-ken | naß | wieder-trok-ken | feucht 28 Tage | feucht 56 Tage | feucht 112 Tage | feucht 300 Tage |
| $Ka_k$ | 127 | 28 | 111 | 86 | 60* | 0* | 26 | 4 | 0 | 21 | 15* | 0* | 38 | 14 | – | 16* | 0* | 0* | 63 | 6 | 51 | 29 | 20 | 0 | – |
| $Ka_h$ | – | – | – | – | – | – | – | – | – | – | – | – | 30 | 0 | 0 | 0* | 0* | 0* | – | – | – | – | – | – | – |
| Pol | 137 | 0 | 0 | 88 | 56 | 15* | 20 | 0 | 6 | 10 | 12 | 4* | 37 | 0 | 0 | 24* | 15* | 13* | 122 | 10 | 83 | 37 | 26 | 28 | – |
| $Ha_k$ | 113 | 115 | 123 | 105 | 99 | 80* | 21 | 31 | 20 | 31 | 32 | 16* | 31 | 16 | 18 | 7* | 0* | 0* | 86 | 32 | 54 | 56 | 53 | 57 | 34 |
| $Ha_h$ | – | – | – | – | – | – | – | – | – | – | – | – | 35 | 43 | 35 | 42 | 48 | 38* | – | – | – | – | – | – | – |
| $Me_k$ | 61 | 81 | 70 | 90 | 78 | 56* | – | 0 | 0 | 29 | 30 | 20* | 34 | 34 | 35 | 30 | 29 | 33* | – | 33 | 72 | 37 | 40 | 61 | 47 |
| $Me_h$ | – | – | – | – | – | – | 7 | 30 | 24 | 34 | 31 | 20* | 35 | 5 | 33 | 10 | 7 | 0* | – | – | – | – | – | – | – |
| $Phe_k$ | 110 | 73 | 111 | 114 | 106 | 64* | 27 | – | – | – | – | – | – | – | – | – | – | – | 80 | – | – | – | – | – | – |
| $Phe_f$ | – | – | – | – | – | – | – | – | – | – | – | – | 43 | 25 | 30 | 28 | 27 | 27* | – | – | – | – | – | – | – |
| $Re_k$ | 139 | 121 | 142 | 139 | 140 | 53* | 26 | 33 | 24 | 35 | 34 | 19* | – | – | – | – | – | – | – | – | – | – | – | – | – |
| $Re_h$ | – | – | – | – | – | – | – | – | – | – | – | – | 41 | 26 | 27 | 35 | 36 | 26* | – | – | – | – | – | – | – |

\* Bei den Versuchen ist eine Schimmel- und Pilzeinwirkung wahrscheinlich bzw. festgestellt worden. Die Werte können daher nicht für die Beurteilung der Feuchtfestigkeit der Leime herangezogen werden.

Forschungsberichte des Wirtschafts- und Verkehrsministeriums Nordrhein Westfalen

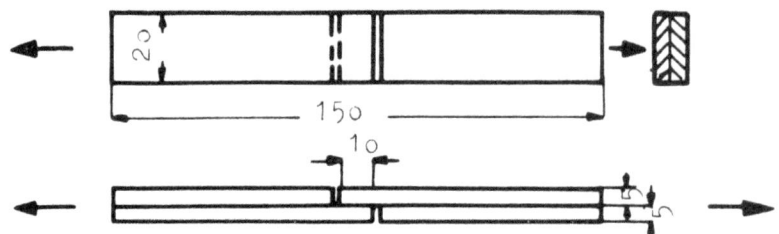

a.  Langholzverleimung aus Buche

Proben aus Platten von 310 mm x 125 mm ausgeschnitten

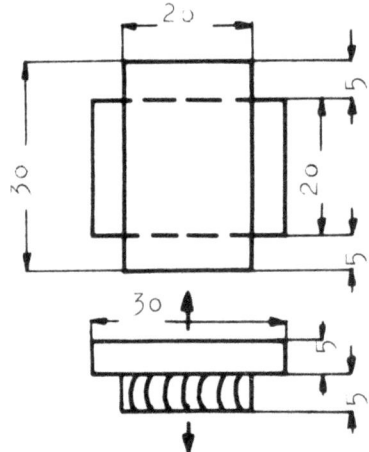

b.  Kreuzverleimung aus Buche

Proben aus Platten von 250 mm 3 80 mm ausgeschnitten

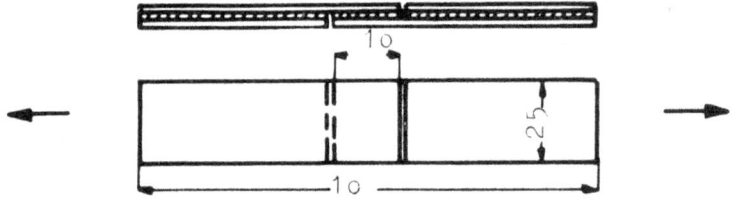

c.  Sperrholzverleimung (Buche). Furnierdicke: 1,6 mm
Proben aus Platten von 250 mm x 250 mm ausgeschnitten

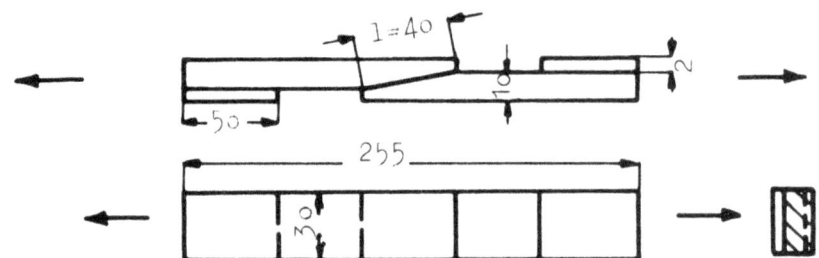

d.  Schäftungsproben aus Kiefernkernholz

A b b i l d u n g   1

Feuchtbindefestigkeit von Holzleimen
(Verleimungsart und Probeformen)

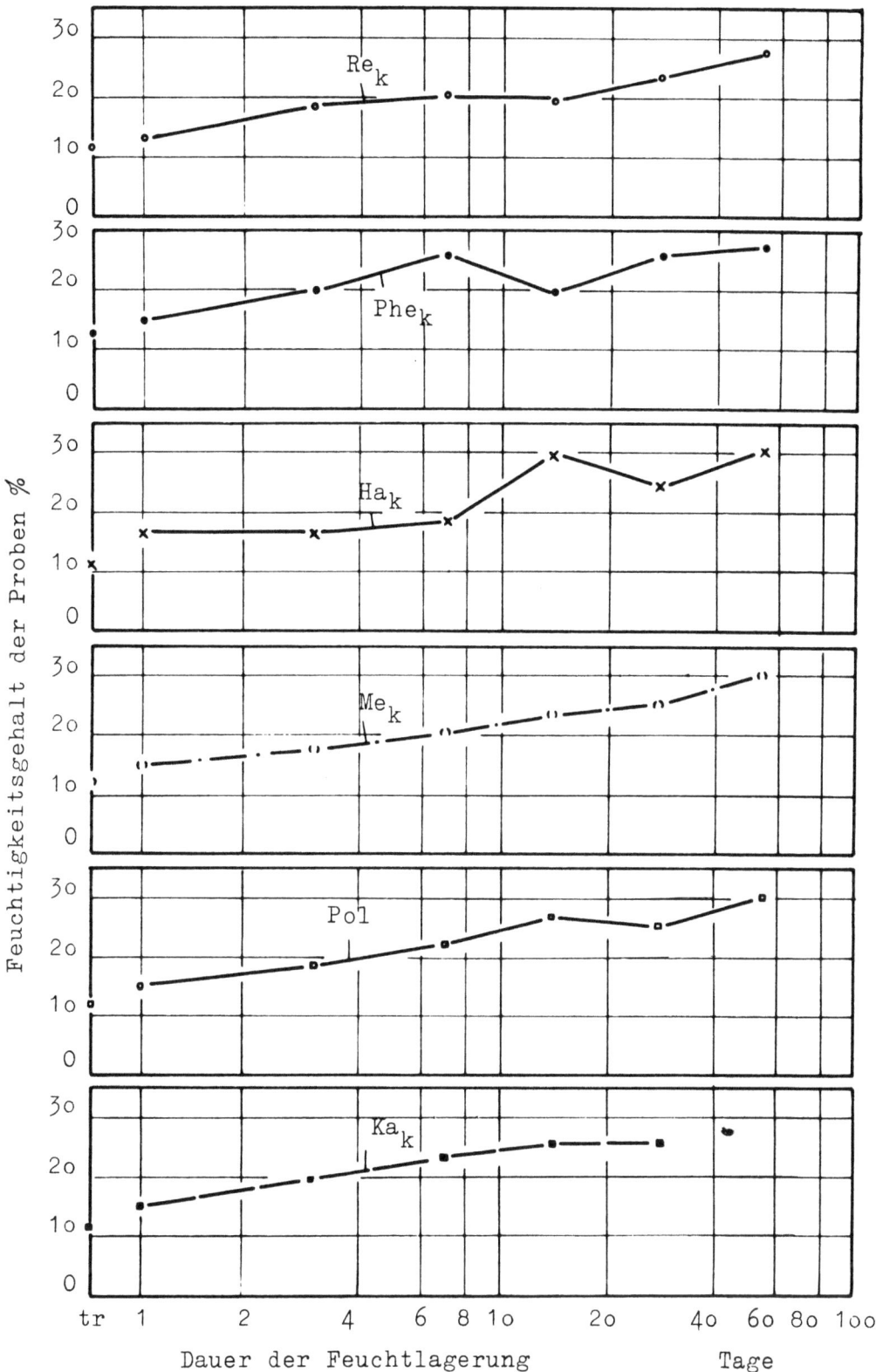

Abbildung 2

Sorptionskurven der verleimten Hölzer bei 20°C und 100% relativer Luftfeuchtigkeit

(Langholzverleimungen aus Buche entspr. Abbildung 1 a)

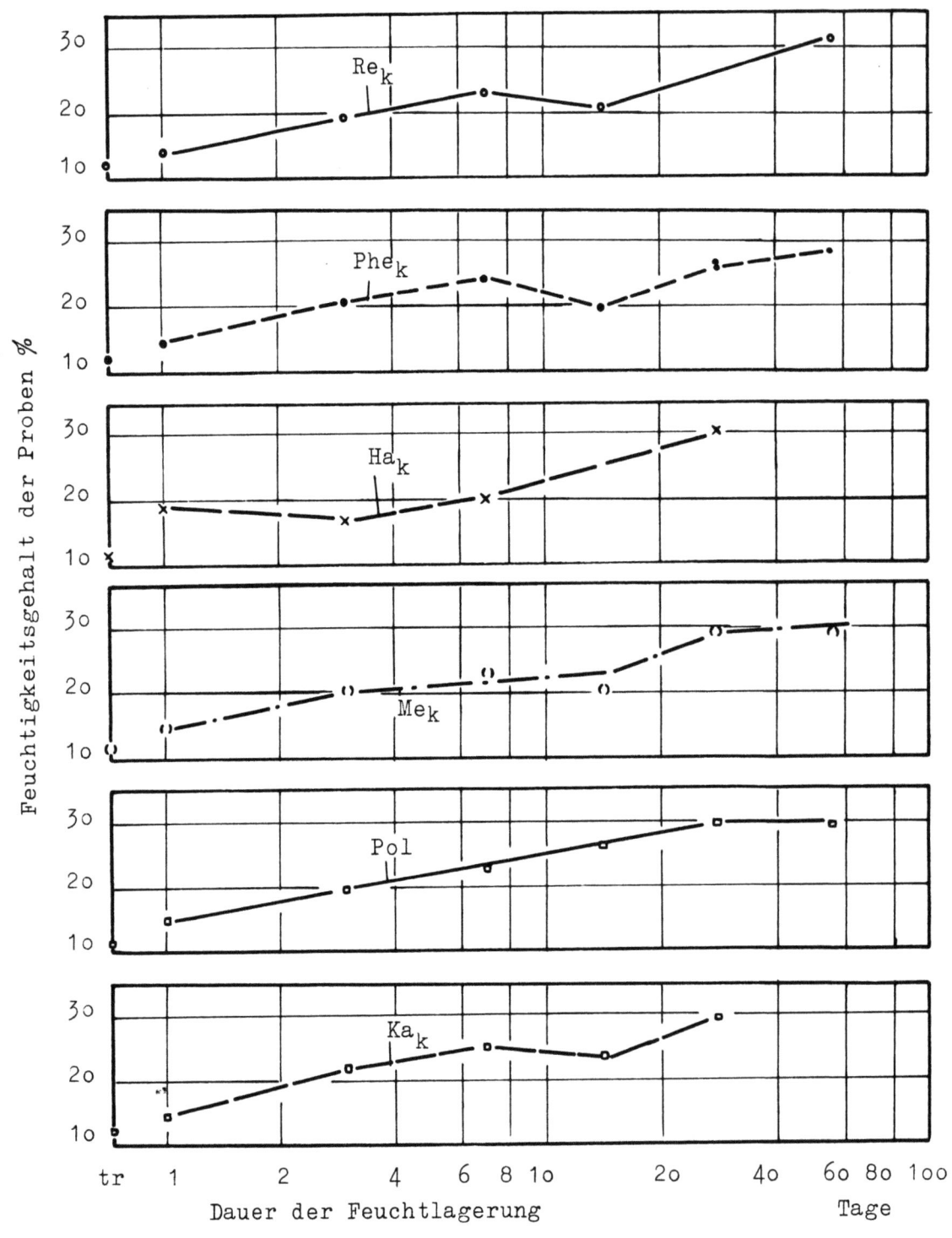

Abbildung 3

Sorptionskurven der verleimten Hölzer bei 20°C und 100% relativer Luftfeuchtigkeit

(Kreuzverleimungen aus Buche entspr. Abbildung 1 b)

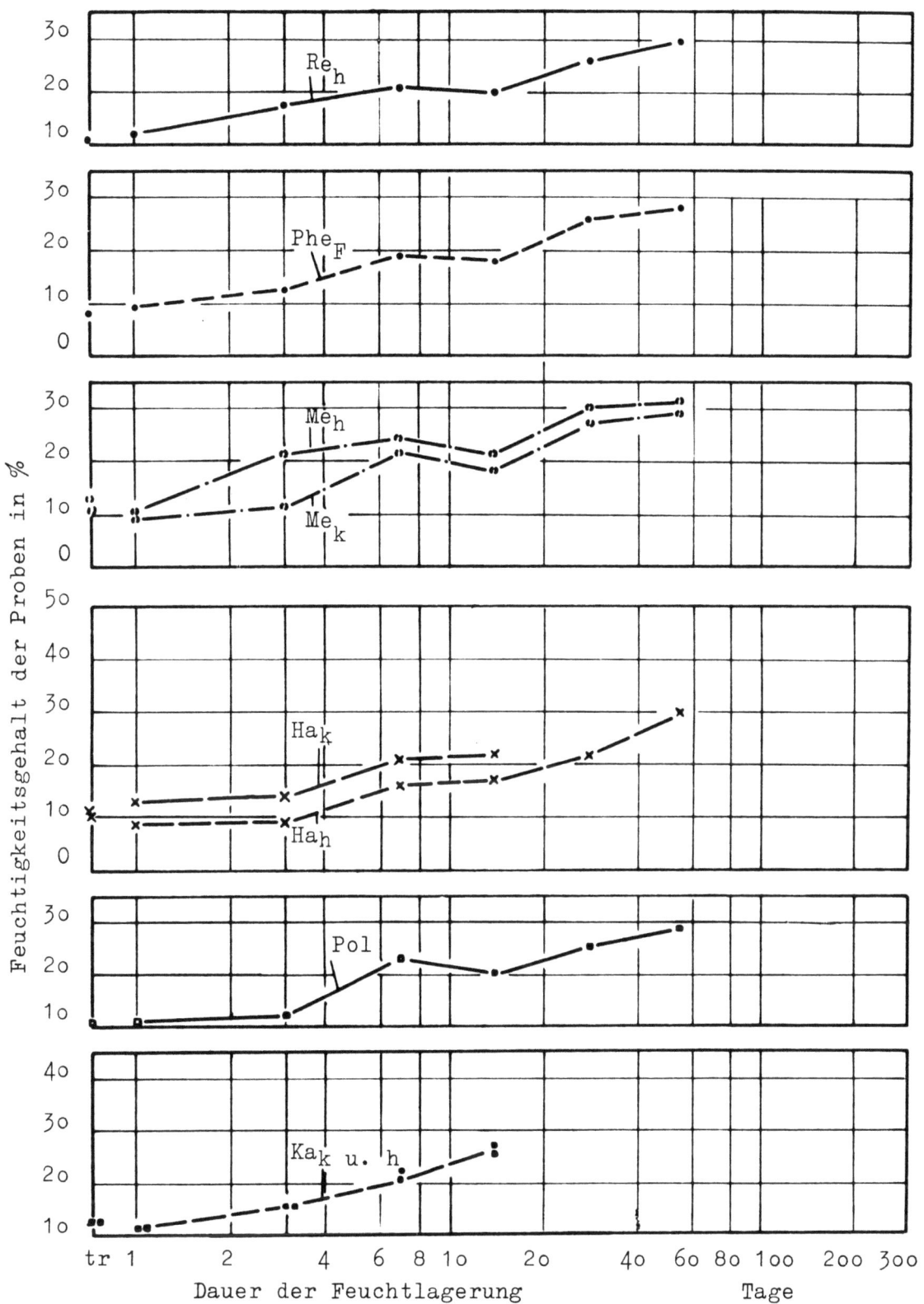

Abbildung 4

Sorptionskurven der verleimten Hölzer bei 20°C und 100% relativer Luftfeuchtigkeit

(Sperrholzverleimungen aus Buche entspr. Abbildung 1 c)

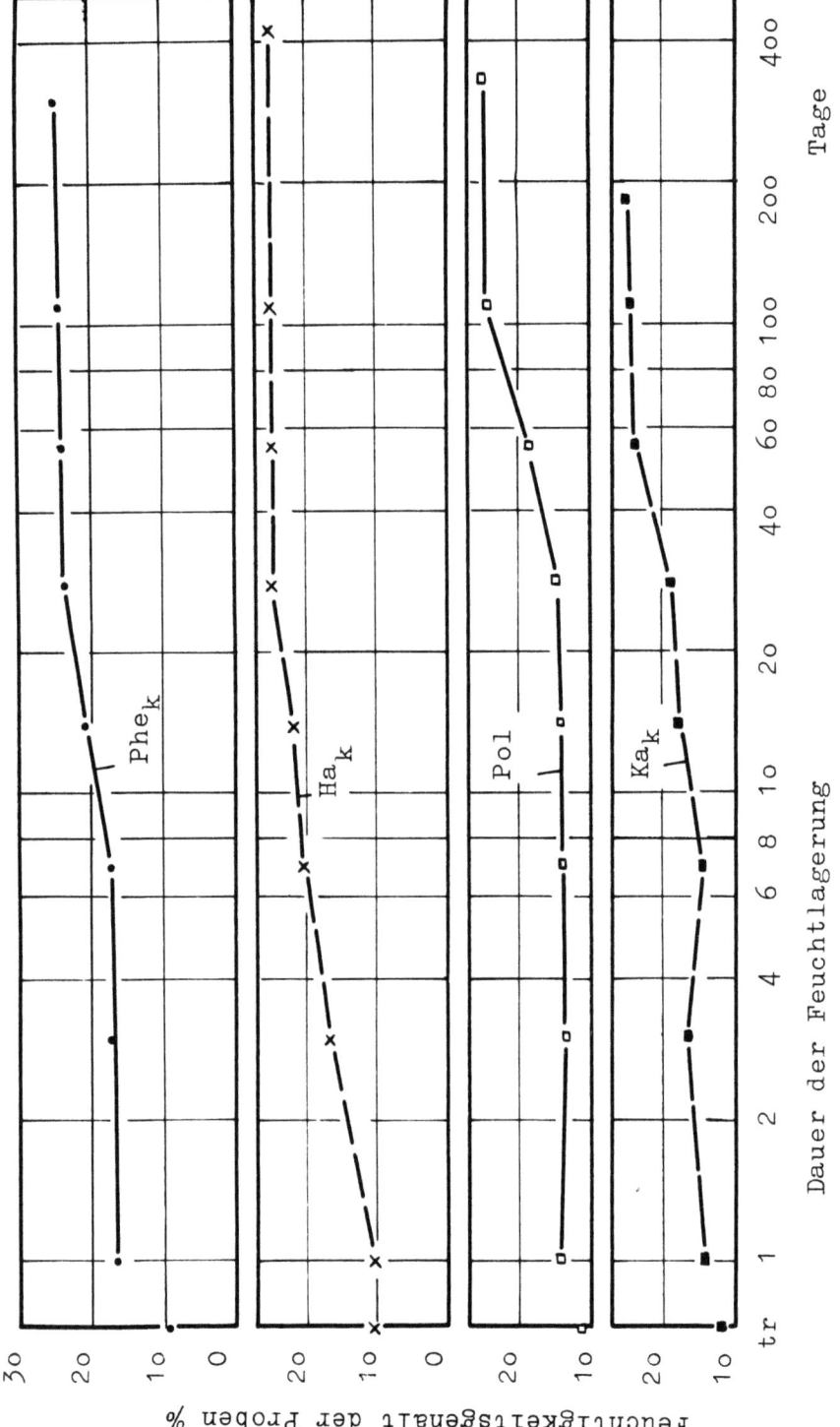

Abbildung 5
Sorptionskurven der verleimten Hölzer bei 20°C und 100% relativer Luftfeuchtigkeit
(Schäftungsverleimungen aus Kiefer entspr. Abbildung 1 d)

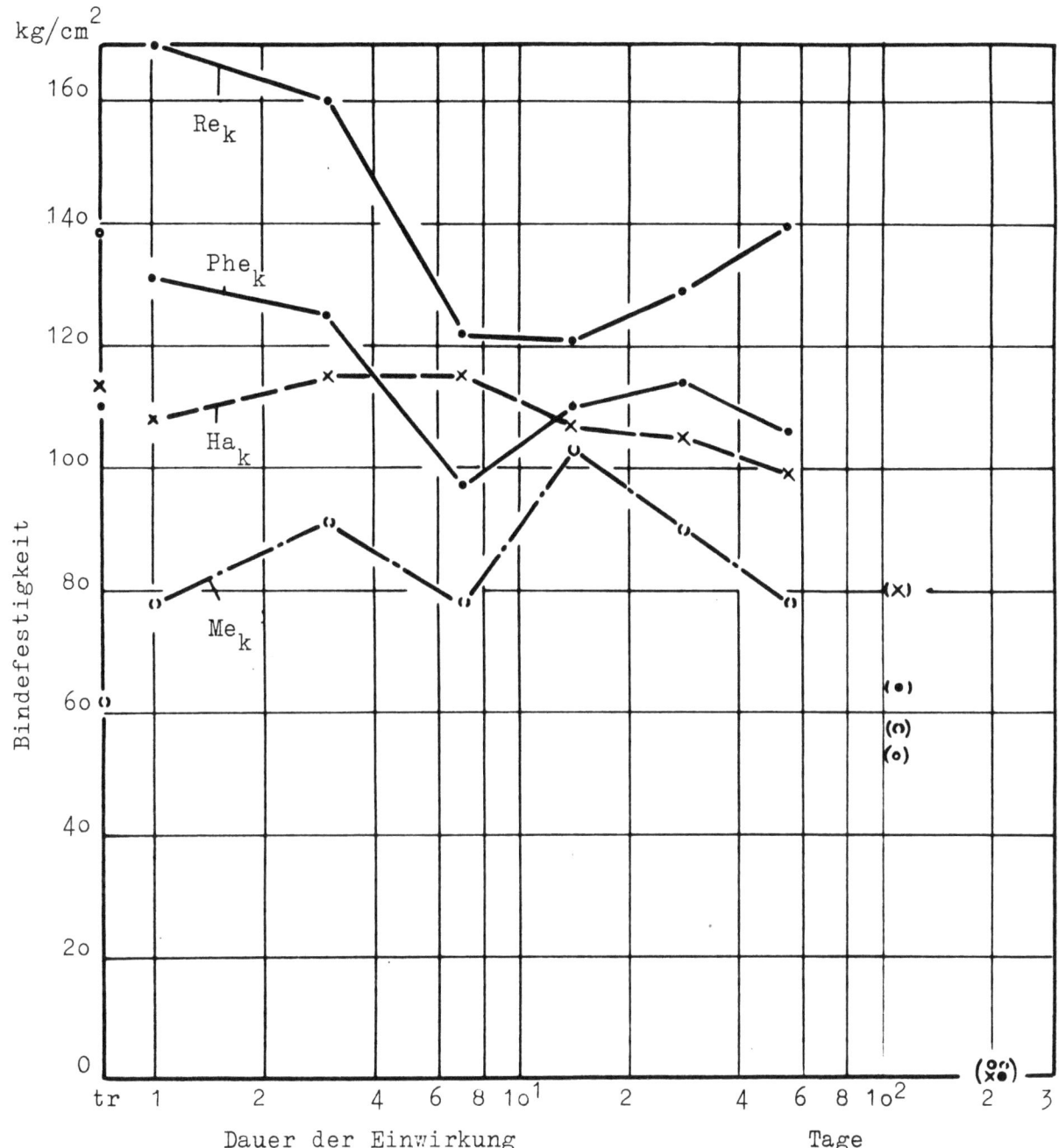

Abbildung 6

Bindefestigkeit von Holzverleimungen bei Einwirkung von feuchtigkeitsgesättigter Luft
(Langholzverleimungen aus Buche entspr. Abbildung 1 a)

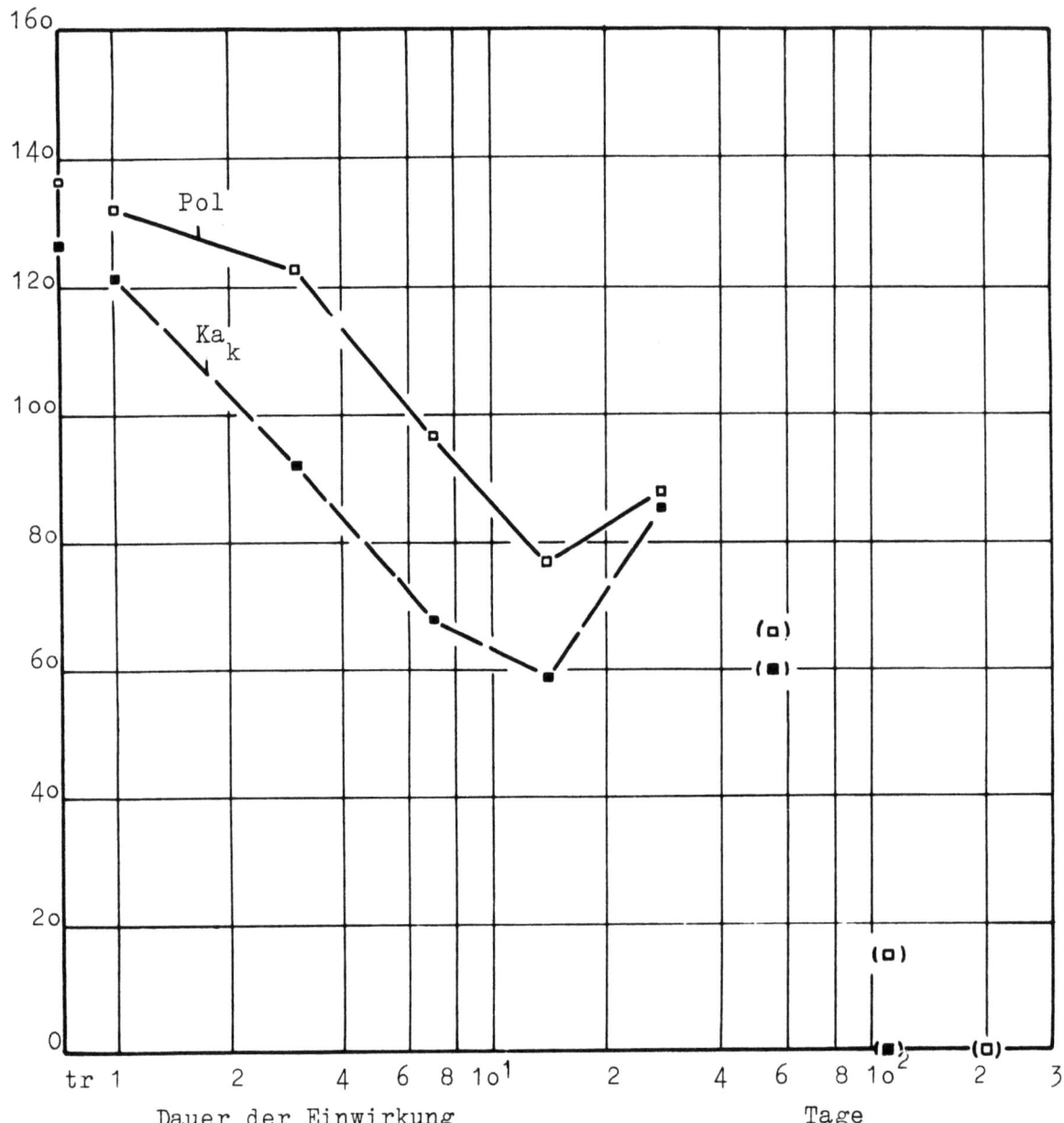

Abbildung 7

Bindefestigkeit von Holzverleimungen bei Einwirkung von
feuchtigkeitsgesättigter Luft
(Langholzverleimungen aus Buche entspr. Abbildung 1 a)

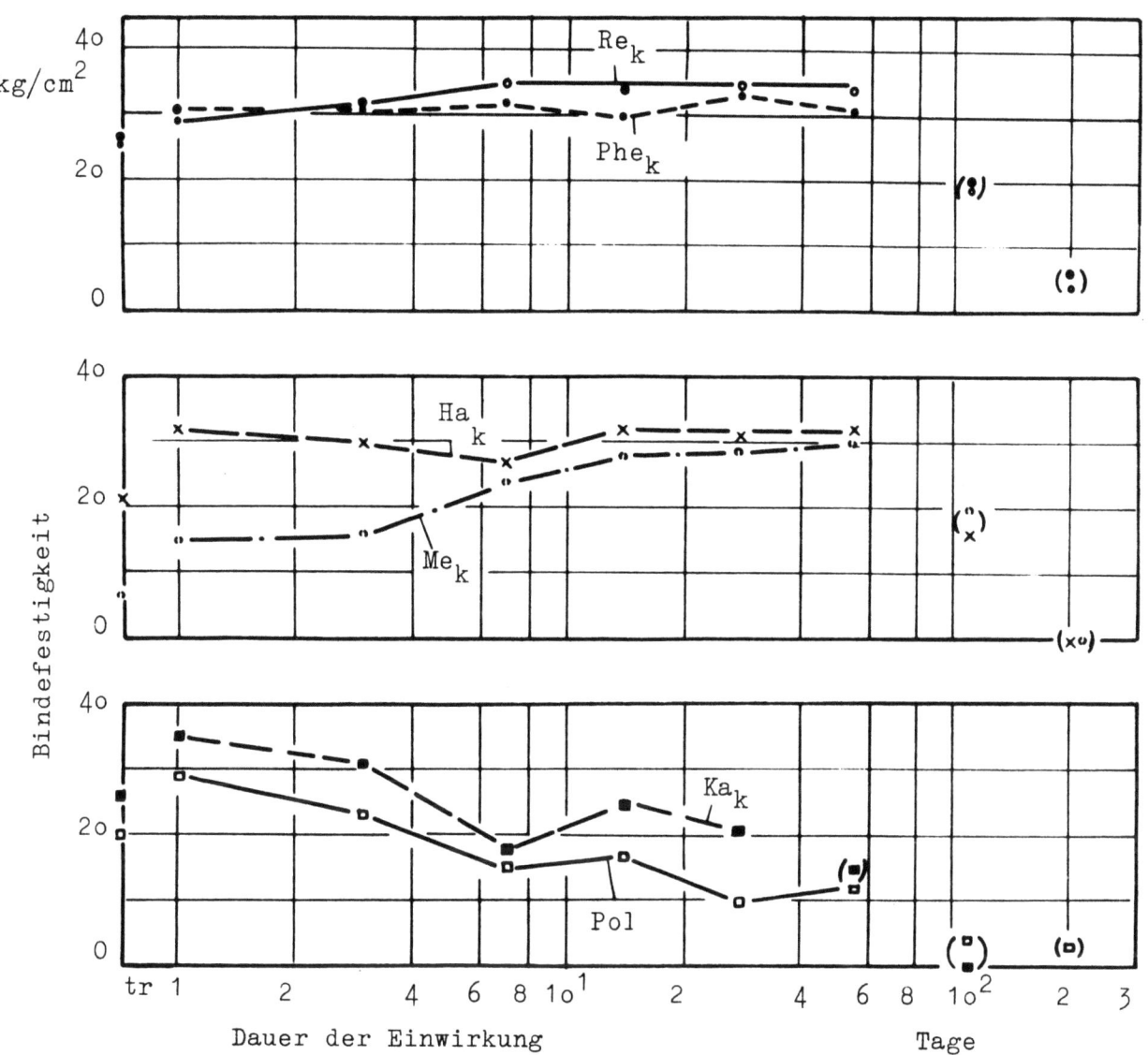

Abbildung 8

Bindefestigkeit von Holzverleimungen bei Einwirkung von
feuchtigkeitsgesättigter Luft
(Kreuzverleimungen aus Buche entspr. Abbildung 1 b)

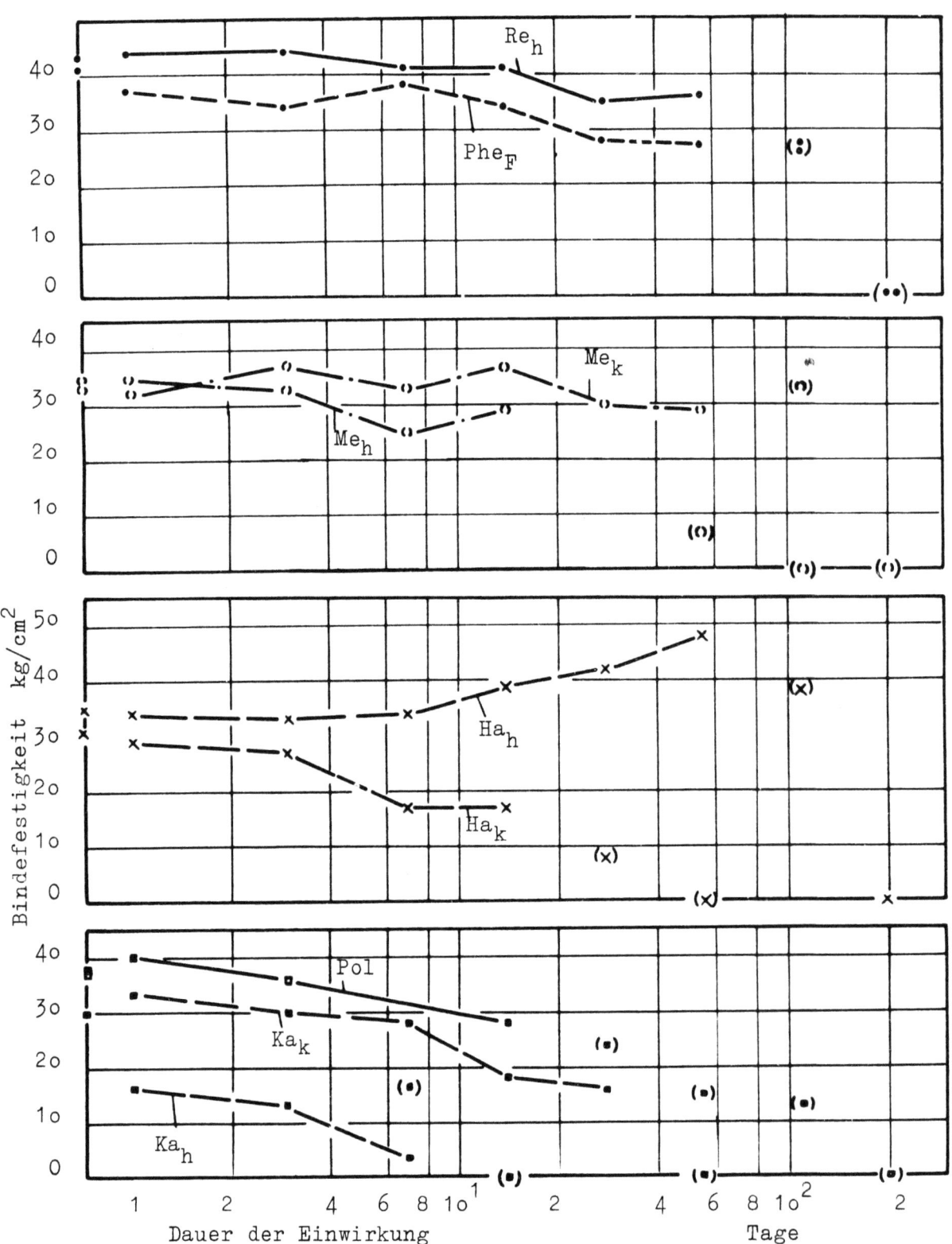

Abbildung 9

Bindefestigkeit von Holzverleimungen bei Einwirkung von feuchtigkeitsgesättigter Luft

(Sperrholzverleimungen aus Buche entspr. Abbildung 1 c)

# Forschungsberichte des Wirtschafts- und Verkehrsministeriums Nordrhein Westfalen

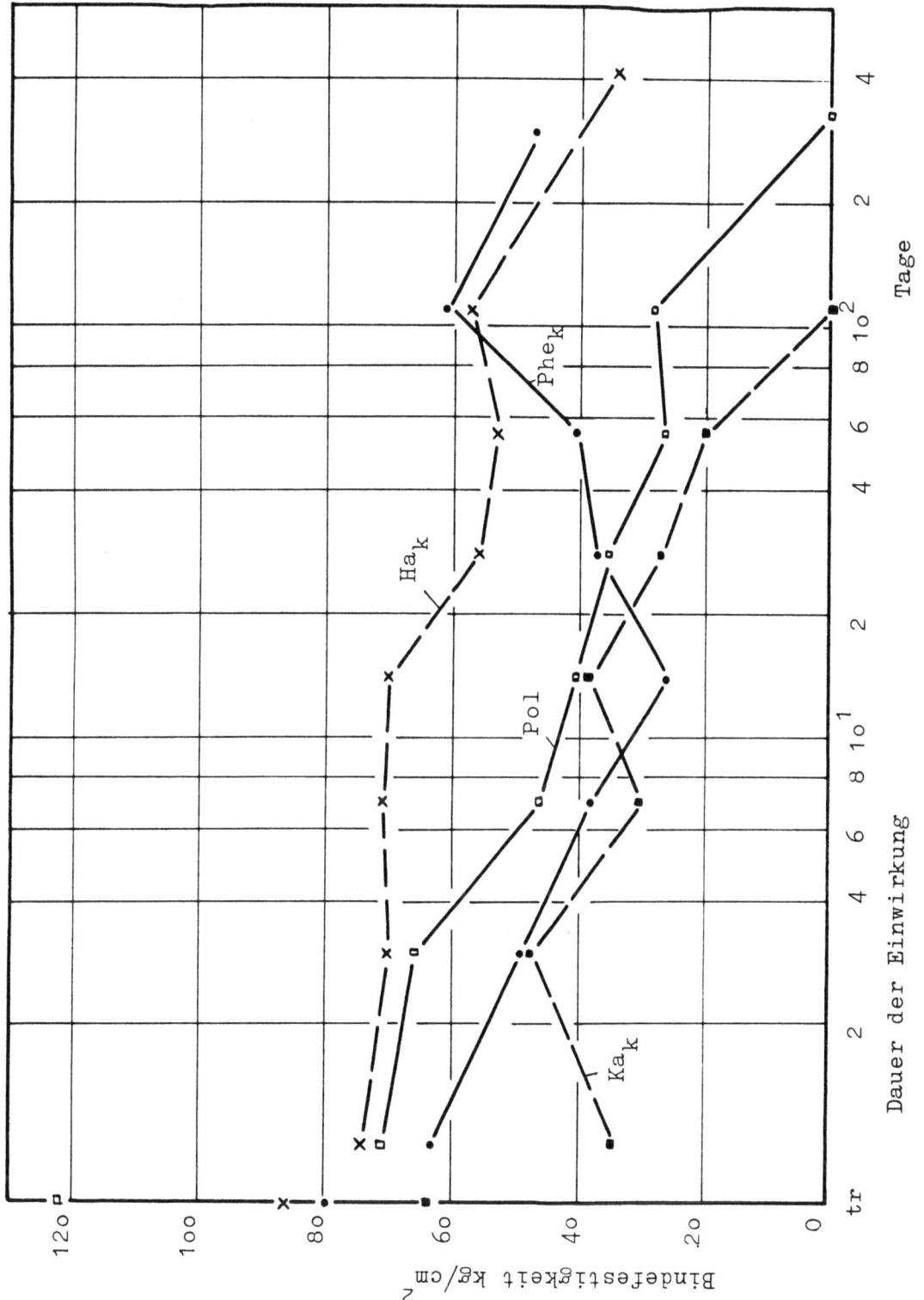

Abbildung 10

Bindefestigkeit von Holzverleimungen bei Einwirkung von feuchtigkeitsgesättigter Luft
(Schäftungsverleimungen aus Kiefer entspr. Abbildung a d)

# FORSCHUNGSBERICHTE
# DES WIRTSCHAFTS- UND VERKEHRSMINISTERIUMS
# NORDRHEIN-WESTFALEN

### Herausgegeben von Staatssekretär Prof. Leo Brandt

Heft 1:
Prof. Dr.-Ing. Eugen Flegler, Aachen
Untersuchungen oxydischer Ferromagnet-Werkstoffe

Heft 2:
Prof. Dr. phil. Walter Fuchs, Aachen
Untersuchungen über absatzfreie Teeröle

Heft 3:
Techn.-Wissenschaftl. Büro für die Bastfaserindustrie, Bielefeld
Untersuchungsarbeiten zur Verbesserung des Leinenwebstuhls

Heft 4:
Prof. Dr. E. A. Müller u. Dipl.-Ing. H. Spitzer, Dortmund
Untersuchungen über die Hitzebelastung in Hüttenbetrieben

Heft 5:
Dipl.-Ing. Werner Fister, Aachen
Prüfstand der Turbinenuntersuchungen

Heft 6:
Prof. Dr. phil. Walter Fuchs, Aachen
Untersuchungen über die Zusammensetzung und Verwendbarkeit von Schwelteerfraktionen

Heft 7:
Prof. Dr. phil. Walter Fuchs, Aachen
Untersuchungen über emsländisches Petrolatum

Heft 8:
Maria Elisabeth Meffert und Heinz Stratmann, Essen
Algen-Großkulturen im Sommer 1951

Heft 9:
Techn.-Wissenschaftl. Büro für die Bastfaserindustrie, Bielefeld
Untersuchungen über die zweckmäßige Wicklungsart von Leinengarnkreuzspulen unter Berücksichtigung der Anwendung hoher Geschwindigkeiten des Garnes
Vorversuche für Zetteln und Schären von Leinengarnen auf Hochleistungsmaschinen

Heft 10:
Prof. Dr. Wilhelm Vogel, Köln
„Das Streifenpaar" als neues System zur mechanischen Vergrößerung kleiner Verschiebungen und seine technischen Anwendungsmöglichkeiten

Heft 11:
Laboratorium für Werkzeugmaschinen und Betriebslehre, Technische Hochschule Aachen
1. Untersuchungen über Metallbearbeitung im Fräsvorgang mit Hartmetallwerkzeugen und negativem Spanwinkel
2. Weiterentwicklung des Schleifverfahrens für die Herstellung von Präzisionswerkstücken unter Vermeidung hoher Temperaturen
3. Untersuchung von Oberflächenveredlungsverfahren zur Steigerung der Belastbarkeit hochbeanspruchter Bauteile

Heft 12:
Elektrowärme-Institut, Langenberg (Rhld.)
Induktive Erwärmung mit Netzfrequenz

Heft 13:
Techn.-Wissenschaftl. Büro für die Bastfaserindustrie, Bielefeld
Das Naßspinnen von Bastfasergarnen mit chemischen Zusätzen zum Spinnbad

**Heft 14:**
Forschungsstelle für Acetylen, Dortmund
Untersuchungen über Aceton als Lösungsmittel für Acetylen

**Heft 15:**
Wäschereiforschung Krefeld
Trocknen von Wäschestoffen

**Heft 16:**
Max-Planck-Institut für Kohlenforschung, Mülheim a. d. Ruhr
Arbeiten des MPI für Kohlenforschung

**Heft 17:**
Ingenieurbüro Herbert Stein, M. Gladbach
Untersuchung der Verzugsvorgänge in den Streckwerken verschiedener Spinnereimaschinen. 1. Bericht: Vergleichende Prüfung mit verschiedenen Dickenmeßgeräten

**Heft 18:**
Wäschereiforschung Krefeld
Grundlagen zur Erfassung der chemischen Schädigung beim Waschen

**Heft 19:**
Techn.-Wissenschaftl. Büro für die Bastfaserindustrie, Bielefeld
Die Auswirkung des Schlichtens von Leinengarnketten auf den Verarbeitungswirkungsgrad, sowie die Festigkeits- und Dehnungsverhältnisse der Garne und Gewebe

**Heft 20:**
Techn.-Wissenschaftl. Büro für die Bastfaserindustrie, Bielefeld
Trocknung von Leinengarnen I
Vorgang und Einwirkung auf die Garnqualität

**Heft 21:**
Techn.-Wissenschaftl. Büro für die Bastfaserindustrie, Bielefeld
Trocknung von Leinengarnen II
Spulenanordnung und Luftführung beim Trocknen von Kreuzspulen

**Heft 22:**
Techn.-Wissenschaftl. Büro für die Bastfaserindustrie, Bielefeld
Die Reparaturanfälligkeit von Webstühlen

**Heft 23:**
Institut für Starkstromtechnik, Aachen
Rechnerische und experimentelle Untersuchungen zur Kenntnis der Metadyne als Umformer von konstanter Spannung auf konstanten Strom

**Heft 24:**
Institut für Starkstromtechnik, Aachen
Vergleich verschiedener Generator-Metadyne-Schaltungen in bezug auf statisches Verhalten

**Heft 25:**
Gesellschaft für Kohlentechnik mbH., Dortmund-Eving
Struktur der Steinkohlen und Steinkohlen-Kokse

**Heft 26:**
Techn.-Wissenschaftl. Büro für die Bastfaserindustrie, Bielefeld
Vergleichende Untersuchungen zweier neuzeitlicher Ungleichmäßigkeitsprüfer für Bänder und Garne hinsichtlich Ihrer Eignung für die Bastfaserspinnerei

**Heft 27:**
Prof. Dr. E. Schratz, Münster
Untersuchungen zur Rentabilität des Arzneipflanzenanbaues
Römische Kamille, Anthemis nobilis L.

**Heft: 28:**
Prof. Dr. E. Schratz, Münster
Calendula officinalis L.
Studien zur Ernährung, Blütenfüllung und Rentabilität der Drogengewinnung

**Heft 29:**
Techn.-Wissenschaftl. Büro für die Bastfaserindustrie, Bielefeld
Die Ausnützung der Leinengarne in Geweben

**Heft 30:**
Gesellschaft für Kohlentechnik mbH., Dortmund-Eving
Kombinierte Entaschung und Verschwelung von Steinkohle; Aufarbeitung von Steinkohlenschlämmen zu verkokbarer oder verschwelbarer Kohle

**Heft 31:**
Dipl.-Ing. Störmann, Essen
Messung des Leistungsbedarfs von Doppelsteg-Kettenförderern

Heft 32:
Techn.-Wissenschaftl. Büro für die Bastfaserindustrie, Bielefeld
Der Einfluß der Natriumchloridbleiche auf Qualität und Verwebbarkeit von Leinengarnen und die Eigenschaften der Leinengewebe unter besonderer Berücksichtigung des Einsatzes von Schützen- und Spulenwechselautomaten in der Leinenweberei

Heft 33:
Kohlenstoffbiologische Forschungsstation e. V.
Eine Methode zur Bestimmung von Schwefeldioxyd und Schwefelwasserstoff in Rauchgasen und in der Atmosphäre

Heft 34:
Textilforschungsanstalt Krefeld
Quellungs- und Entquellungsvorgänge bei Faserstoffen

Heft 35:
Professor Dr. Wilhelm Kast, Krefeld
Feinstrukturuntersuchungen an künstlichen Zellulosefasern verschiedener Herstellungsverfahren

Heft 36:
Forschungsinstitut der feuerfesten Industrie, Bonn
Untersuchungen über die Trocknung von Rohton. Untersuchungen über die chemische Reinigung von Silika- und Schamotte-Rohstoffen mit chlorhaltigen Gasen

Heft 37:
Forschungsinstitut der feuerfesten Industrie, Bonn
Untersuchungen über den Einfluß der Probenvorbereitung auf die Kaltdruckfestigkeit feuerfester Steine

Heft 38:
Forschungsstelle für Acetylen, Dortmund
Untersuchungen über die Trocknung von Acetylen zur Herstellung von Dissousgas

Heft 39:
Forschungsgesellschaft Blechverarbeitung e. V., Düsseldorf
Untersuchungen an prägegemusterten und vorgalochten Blechen

Heft 40:
Landesgeologe Dr.-Ing. W. Wolff, Amt für Bodenforschung, Krefeld
Untersuchungen über die Anwendbarkeit geophysikalischer Verfahren zur Untersuchung von Spateisengängen im Siegerland

Heft 41:
Techn.-Wissenschaftl. Büro für die Bastfaserindustrie, Bielefeld
Untersuchungsarbeiten zur Verbesserung des Leinenwebstuhles II

Heft 42:
Professor Dr. Burckhardt Helferich, Bonn
Untersuchungen über Wirkstoffe — Fermente — in der Kartoffel und die Möglichkeit ihrer Verwendung

Heft 43:
Forschungsgesellschaft Blechverarbeitung e. V., Düsseldorf
Forschungsergebnisse über das Beizen von Blechen

Heft 44:
Arbeitsgemeinschaft für praktische Dehnungsmessung, Düsseldorf
Eigenschaften und Anwendungen von Dehnungsmeßstreifen

Heft 45:
Losenhausenwerk Düsseldorfer Maschinenbau AG., Düsseldorf
Untersuchungen von störenden Einflüssen auf die Lastgrenzenanzeige von Dauerschwingprüfmaschinen

Heft 46:
Professor Dr. phil. W. Fuchs, Aachen
Untersuchungen über die Aufbereitung von Wasser für die Dampferzeugung in Benson-Kesseln

Heft 47:
Prof. Dr.-Ing. habil. Karl Krekeler, Aachen
Versuche über die Anwendung der induktiven Erwärmung zum Sintern von hochschmelzenden Metallen sowie zur Anlegierung und Vergütung von aufgespritzten Metallschichten mit dem Grundwerkstoff.

Heft 48:
Max-Planck-Institut für Eisenforschung, Düsseldorf
Spektrochemische Analyse der Gefügebestandteile in Stählen nach ihrer Isolierung

Heft 49:
Max-Planck-Institut für Eisenforschung, Düsseldorf
Untersuchungen über Ablauf der Desoxydation und die Bildung von Einschlüssen in Stählen

Heft 50:
Max-Planck-Institut für Eisenforschung, Düsseldorf
Flammenspektralanalytische Untersuchung der Ferritzusammensetzung in Stählen

Heft 51:
Verein zur Förderung von Forschungs- und Entwicklungsarbeiten in der Werkzeugindustrie e. V., Remscheid
Untersuchungen an Kreissägeblättern für Holz, Fehler- und Spannungsprüfverfahren

Heft 52:
Forschungsstelle für Azetylen, Dortmund
Untersuchungen über den Umsatz bei der explosiblen Zersetzung von Azetylen
    a) Zersetzung von gasförmigem Azetylen,
    b) Zersetzung von an Silikagel adsorbiertem Azetylen

Heft 53:
Professor Dr.-Ing. H. Opitz, Aachen
Reibwert- und Verschleißmessungen an Kunststoffgleitführungen für Werkzeugmaschinen

Heft 54:
Professor Dr.-Ing. habil. F. A. F. Schmidt, Aachen
Schaffung von Grundlagen für die Erhöhung der spez. Leistung und Herabsetzung des spez. Brennstoffverbrauches bei Ottomotoren mit Teilbericht über Arbeiten an einem neuen Einspritzverfahren

Heft 55:
Forschungsgesellschaft Blechverarbeitung, Düsseldorf
Chemisches Glänzen von Messing und Neusilber

Heft 56:
Forschungsgesellschaft Blechverarbeitung, Düsseldorf
Untersuchungen über einige Probleme der Behandlung von Blechoberflächen

Heft 57:
Prof. Dr.-Ing. habil. F. A. F. Schmidt, Aachen
Untersuchungen zur Erforschung des Einflusses des chemischen Aufbaues des Kraftstoffes auf sein Verhalten im Motor und in Brennkammern von Gasturbinen.

Heft 58:
Gesellschaft für Kohlentechnik m. b. H., Dortmund
Herstellung und Untersuchung von Steinkohlenschwelteer.

Heft 59:
Forschungsinstitut der Feuerfest-Industrie, Bonn
Ein Schnellanalysenverfahren zur Bestimmung von Aluminiumoxyd, Eisenoxyd und Titanoxyd in feuerfestem Material mittels organischer Farbreagenzien auf photometrischem Wege
Untersuchungen des Alkali-Gehaltes feuerfester Stoffe mit dem Flammenphotometer nach Riehm-Lange

Heft 60:
Forschungsgesellschaft Blechverarbeitung e. V., Düsseldorf
Untersuchungen über das Spritzlackieren im elektrostatischen Hochspannungsfeld

Heft 61:
Verein zur Förderung von Forschungs- und Entwicklungsarbeiten in der Werkzeugindustrie e. V., Remscheid
Schwingungs- und Arbeitsverhalten von Kreissägeblättern für Holz

Heft 62:
Professor Dr. W. Franz, Institut für theoretische Physik der Universität Münster
Berechnung des elektrischen Durchschlags durch feste und flüssige Isolatoren

Heft 63:
Textilforschungsanstalt Krefeld
Neue Methoden zur Untersuchung der Wirkungsweise von Textilhilfsmitteln
Untersuchungen über Schlichtungs- und Entschlichtungsvorgänge

Heft 64:
Textilforschungsanstalt Krefeld
Die Kettenlängenverteilung von hochpolymeren Faserstoffen
Über die fraktionierte Fällung von Polyamiden

Heft 65:
Fachverband Schneidwarenindustrie, Solingen
Untersuchungen über das elektrolytische Polieren von Tafelmesserklingen aus rostfreiem Stahl

Heft 66:
Dr.-Ing. Peter Füsgen VDI †, Düsseldorf
Untersuchungen über das Auftreten des Ratterns bei selbsthemmenden Schneckengetrieben und seine Verhütung

Heft 67:
Heinrich Wösthoff o. H. G., Apparatebau, Bochum
Entwicklung einer chemisch-physikalischen Apparatur zur Bestimmung kleinster Kohlenoxyd-Konzentrationen

Heft 68:
Kohlenstoffbiologische Forschungsstation e. V., Essen
Algengroßkulturen im Sommer 1952
II. Über die unsterile Großkultur von Scenedesmus obliquus

Heft 69:
Wäschereiforschung Krefeld
Bestimmung des Faserabbaues bei Leinen unter besonderer Berücksichtigung der Leinengarnbleiche

Heft 70:
Wäschereiforschung Krefeld
Trocknen von Wäschestoffen

Heft 71:
Prof. Dr.-Ing. K. Leist, Aachen
Kleingasturbinen, insbesondere zum Fahrzeugantrieb

Heft 72:
Prof. Dr.-Ing. K. Leist, Aachen
Beitrag zur Untersuchung von stehenden geraden Turbinengittern mit Hilfe von Druckverteilungsmessungen

Heft 73:
Prof. Dr.-Ing. K. Leist, Aachen
Spannungsoptische Untersuchungen von Turbinenschaufelfüßen

Heft 74:
Max-Planck-Institut für Eisenforschung, Düsseldorf
Versuche zur Klärung des Umwandlungsverhaltens eines sonderkarbidbildenden Chromstahls

Heft 75:
Max-Planck-Institut für Eisenforschung, Düsseldorf
Zeit-Temperatur-Umwandlungs-Schaubilder als Grundlage der Wärmebehandlung der Stähle

Heft 76:
Max-Planck-Institut für Arbeitsphysiologie, Dortmund
Arbeitstechnische und arbeitsphysiologische Rationalisierung von Mauersteinen

Heft 77:
Meteor Apparatebau Paul Schmeck G. m. b. H., Siegen
Entwicklung von Leuchtstoffröhren hoher Leistung

Heft 78:
Forschungsstelle für Acetylen, Dortmund
Über die Zustandsgleichung des gasförmigen Acetylens und das Gleichgewicht Acetylen — Aceton

Heft 79:
Techn.-Wissenschaftl. Büro für die Bastfaserindustrie, Bielefeld
Trocknung von Leinengarnen III
Spinnspulen- und Spinnkopstrocknung
Vorgang und Einwirkung auf die Garnqualität

Heft 80:
Techn.-Wissenschaftl. Büro für die Bastfaserindustrie, Bielefeld
Die Verarbeitung von Leinengarn auf Webstühlen mit und ohne Oberbau

Heft 81:
Prüf- und Forschungsinstitut für Ziegeleierzeugnisse, Essen-Kray
Die Einführung des großformatigen Einheits-Gitterziegels im Lande Nordrhein-Westfalen

Heft 82:
Vereinigte Aluminium-Werke AG., Bonn
Forschungsarbeiten auf dem Gebiet der Veredelung von Aluminium-Oberflächen

Heft 83:
Prof. Dr. S. Strugger, Münster
Über die Struktur der Proplastiden

Heft 84:
Dr. med. habil., Dr. phil. H. Baron, Düsseldorf
Über Standardisierung von Wundtextilien

Heft 85:
Textilforschungsanstalt Krefeld
Physikalische Untersuchungen an Fasern, Fäden, Garnen und Geweben:
Untersuchungen am Knickscheuergerät nach Weltzien

Heft 86:
Professor Dr.-Ing. H. Opitz, Aachen
Untersuchungen über das Fräsen von Baustahl sowie über den Einfluß des Gefüges auf die Zerspanbarkeit

Heft 87:
Gemeinschaftsausschuß Verzinken, Düsseldorf
Untersuchungen über Güte von Verzinkungen

Heft 88:
Gesellschaft für Kohlentechnik mbH., Dortmund-Eving
Oxydation von Steinkohle mit Salpetersäure

Heft 89:
Verein Deutscher Ingenieure, Gleitlagerforschung, Düsseldorf und Prof. Dr.-Ing. G. Vogelpohl, Göttingen
Versuche mit Preßstoff-Lagern für Walzwerke

Heft 90:
Forschungs-Institut der Feuerfest-Industrie, Bonn
Das Verhalten von Silikasteinen im Siemens-Martin-Ofengewölbe

Heft 91:
Forschungs-Institut der Feuerfest-Industrie, Bonn
Untersuchungen des Zusammenhangs zwischen Leistung und Kohlenverbrauch von Kammeröfen zum Brennen von feuerfesten Materialien

Heft 92:
Techn.-Wissenschaftl. Büro für die Bastfaserindustrie, Bielefeld und Laboratorium für textile Meßtechnik, M.-Gladbach
Messungen von Vorgängen am Webstuhl

Heft 93:
Prof. Dr. W. Kast, Krefeld
Spinnversuche zur Strukturerfassung künstlicher Zellulosefasern

Heft 94:
Prof. Dr. phil. habil. G. Winter, Bonn
Die Heilpflanzen des MATTHIOLUS (1611) gegen Infektionen der Harnwege und Verunreinigung der Wunden bzw. zur Förderung der Wundheilung im Lichte der Antibiotikaforschung

Heft 95:
Prof. Dr. phil. habil. G. Winter, Bonn
Untersuchungen über die flüchtigen Antibiotika aus der Kapuziner- (Tropaeolum maius) und Gartenkresse (Lepidium sativum) und ihr Verhalten im menschlichen Körper bei Aufnahme von Kapuziner- bzw. Gartenkressensalat per os

Heft 96:
Dr.-Ing. P. Koch, Dortmund
Austritt von Exoelektronen aus Metalloberflächen unter Berücksichtigung der Verwendung des Effektes für die Materialprüfung

Heft 97:
Ing. H. Stein, M.-Gladbach
Laboratorium für textile Meßtechnik
Untersuchung der Verzugsvorgänge an den Streckwerken verschiedener Spinnereimaschinen
2. Bericht: Ermittlung der Haft-Gleiteigenschaften von Faserbändern und Vorgarnen

Heft 98:
Fachverband Gesenkschmieden, Hagen
Die Arbeitsgenauigkeit beim Gesenkschmieden unter Hämmern

Heft 99:
Prof. Dr.-Ing. G. Garbotz, Aachen
Der Kraft- und Arbeitsaufwand sowie die Leistungen beim Biegen von Bewehrungsstählen in Abhängigkeit von den Abmessungen, den Formen und der Güte der Stähle (Ermittlung von Leistungsrichtlinien)

Heft 100:
Prof. Dr.-Ing. H. Opitz, Aachen
Untersuchungen von elektrischen Antrieben, Steuerungen und Regelungen an Werkzeugmaschinen

Heft 101:
Prof. Dr.-Ing. H. Opitz, Aachen
Wirtschaftlichkeitsbetrachtungen beim Außenrundschleifen

Heft 102:
Dr. phil. habil. P. Hölemann, Ing. R. Hasselmann und Ing. G. Dix, Dortmund
Untersuchungen über die thermische Zündung von explosiblen Azetylenzersetzungen in Kapillaren

Heft 103:
Prof. Dr. phil. W. Weizel, Bonn
Durchführung von experimentellen Untersuchungen über den zeitlichen Ablauf von Funken in komprimierten Edelgasen sowie zu deren mathematischen Berechnung

Heft 104:
Prof. Dr. phil. W. Weizel, Bonn
Über den Einfluß der Elektroden auf die Eigenschaften von Cadmium-Sulfid-Widerstands-Photozellen

Heft 105:
Dr.-Ing. R. Meldau, Harsewinkel/Westf.
Auswertung von Gekörn – Analysen des Musterstaubes „Flugasche Fortuna I"

Heft 106:
ORR. Dr.-Ing. W. Küch, Dortmund
Untersuchungen über die Einwirkung von feuchtigkeitsgesättigter Luft auf die Festigkeit von Leimverbindungen

Heft 107:
Prof. Dr. phil. H. Lange, Köln
Über die Konstruktion von Laboratoriumsmagneten

Heft 108:
Prof. Dr. phil. W. Fuchs, Aachen
Untersuchungen über neue Beizmethoden und Beizabwässer
I. Die Entzunderung von Drähten mit Natriumhydrid
II. Die Aufbereitung von Beizabwässern

Heft 109:
Dr. phil. habil. P. Hölemann und Ing. R. Hasselmann, Dortmund
Untersuchungen über die Löslichkeit von Azetylen in verschiedenen organischen Lösungsmitteln

Heft 110:
Dr. phil. habil. P. Hölemann und Ing. R. Hasselmann, Dortmund
Untersuchungen über den Druckverlauf bei der explosiblen Zersetzung von gasförmigem Azetylen

Heft 111:
Fachverband Steinzeugindustrie, Köln
Die Entwicklung eines Gerätes zur Beschickung seitlicher Feuer von Steinzeug-Einzelkammeröfen mit festen Brennstoffen

Heft 112:
Prof. Dr.-Ing. H. Opitz, Aachen
Verschleißmessungen beim Drehen mit aktivierten Hartmetallwerkzeugen

Heft 113:
Prof. Dr. med. O. Graf, Dortmund
Erforschung der geistigen Ermüdung und nervösen Belastung: Studien über die vegetative 24-Stunden-Rhythmik in Ruhe und unter Belastung

Heft 114:
Prof. Dr. med. O. Graf, Dortmund
Studien über Fließarbeitsprobleme an einer praxisnahen Experimentieranlage

Heft 115:
Prof. Dr. med. O. Graf, Dortmund
Studium über Arbeitspausen in Betrieben bei freier und zeitgebundener Arbeit (Fließarbeit) und ihre Auswirkung auf die Leistungsfähigkeit

Heft 116:
Prof. Dr.-Ing. E. Siebel und Dr.-Ing. H. Weise, Stuttgart
Untersuchungen an einigen Problemen des Tiefziehens — I. Teil

Heft 117:
Dr.-Ing. H. Beißwänger, Stuttgart, und Dr.-Ing. S. Schwandt, Trier
Untersuchungen an einigen Problemen des Tiefziehens — II. Teil

Heft 118:
Prof. Dr. med. E. A. Müller und Dr. med. H. G. Wenzel, Dortmund
Neuartige Klima-Anlage zur Erzeugung ungleicher Luft- und Strahlungstemperaturen in einem Versuchsraum

Heft 119:
Dr.-Ing. O. Viertel, Krefeld
Wäscherei- und energietechnische Untersuchung einer Gemeinschafts-Waschanlage

Heft 120:

Dipl.-Ing. Weisbecker, Lüdenscheid
Über Anfressung an Reinstaluminium-Schweißnähten bei der elektrolytischen Oxydation
Gebr. Hörstermann GmbH., Velbert
Entwicklung und Erprobung eines neuartigen Gummibandförderers

Heft 121:

Dr. rer. nat. H. Krebs, Bonn
I. Die Struktur und die Eigenschaften der Halbmetalle
II. Die Bestimmung der Atomverteilung in amorphen Substanzen
III. Die chemische Bindung in anorganischen Festkörpern und das Entstehen metallischer Eigenschaften

Heft 122:

Prof. Dr. phil. W. Fuchs, Aachen
Untersuchungen zur Verbesserung der Wasseraufbereitung und Wasseranalyse:
Über die Schnellbewertung von Ionenaustauscher

Heft 123:

Dipl.-Ing. J. Emondts, Aachen
Über Bodenverformungen bei stark gestörtem und mächtigem, wasserführendem Deckgebirge im Aachener Steinkohlengebiet

# VERÖFFENTLICHUNGEN DER ARBEITSGEMEINSCHAFT FÜR FORSCHUNG DES LANDES NORDRHEIN-WESTFALEN

Im Auftrage des Ministerpräsidenten Karl Arnold
**Herausgegeben von Staatssekretär Prof. Leo Brandt**

Heft 1:
Prof. Dr.-Ing. Friedrich Seewald, Technische Hochschule Aachen
Neue Entwicklungen auf dem Gebiete der Antriebsmaschinen
Prof. Dr.-Ing. Friedrich A. F. Schmidt, Technische Hochschule Aachen
Technischer Stand und Zukunftsaussichten der Verbrennungsmaschinen, insbesondere der Gasturbinen
Dr.-Ing. R. Friedrich, Siemens-Schuckert-Werke A.-G., Mülheimer Werk
Möglichkeiten und Voraussetzungen der industriellen Verwertung der Gasturbine

Heft 2:
Prof. Dr.-Ing. Wolfgang Riezler, Universität Bonn
Probleme der Kernphysik
Prof. Dr. phil. Fritz Micheel, Universität Münster,
Isotope als Forschungsmittel in der Chemie und Biochemie

Heft 3:
Prof. Dr. med. Emil Lehnartz, Universität Münster
Der Chemismus der Muskelmaschine
Prof. Dr. med. Gunther Lehmann, Direktor des Max-Planck-Instituts für Arbeitsphysiologie, Dortmund
Physiologische Forschung als Voraussetzung der Bestgestaltung der menschlichen Arbeit
Prof. Dr. Heinrich Kraut, Max-Planck-Institut für Arbeitsphysiologie, Dortmund
Ernährung und Leistungsfähigkeit

Heft 4:
Prof. Dr. Franz Wever, Max-Planck-Institut für Eisenforschung, Düsseldorf
Aufgaben der Eisenforschung
Prof. Dr.-Ing. Hermann Schenck, Technische Hochschule Aachen
Entwicklungslinien des deutschen Eisenhüttenwesens
Prof. Dr.-Ing. Max Haas, Techn. Hochschule Aachen
Wirtschaftliche und technische Bedeutung der Leichtmetalle und ihre Entwicklungsmöglichkeiten

Heft 5:
Prof. Dr. med. Walter Kikuth, Medizinische Akademie Düsseldorf
Virusforschung
Prof. Dr. Rolf Danneel, Universität Bonn
Fortschritte der Krebsforschung
Prof. Dr. med. Dr. phil. W. Schulemann, Univ. Bonn
Wirtschaftliche und organisatorische Gesichtspunkte für die Verbesserung unserer Hochschulforschung

Heft 6:
Prof. Dr. Walter Weizel, Institut für theoretische Physik, Bonn
Die gegenwärtige Situation der Grundlagenforschung in der Physik
Prof. Dr. Siegfried Strugger, Universität Münster
Das Duplikantenproblem in der Biologie
Prof. Dr. Rolf Danneel, Universität Bonn
Über das Verhalten der Mitochondrien bei der Mitose der Mesenchymzellen des Hühner-Embryos
Direktor Dr. Fritz Gummert, Ruhrgas A.-G., Essen
Überlegungen zu den Faktoren Raum und Zeit im biologischen Geschehen und Möglichkeiten einer Nutzanwendung

**Heft 7:**
Prof. Dr.-Ing. August Götte, Technische Hochschule Aachen
Steinkohle als Rohstoff und Energiequelle
Prof. Dr. e. h. Karl Ziegler, Max-Planck-Institut für Kohlenforschung Mülheim a. d. Ruhr
Über Arbeiten des Max-Planck-Instituts für Kohlenforschung

**Heft 8:**
Prof. Dr.-Ing. Wilhelm Fucks, Technische Hochschule Aachen
Die Naturwissenschaft, die Technik und der Mensch
Prof. Dr. sc. pol. Walther Hoffmann, Universität Münster
Wirtschaftliche und soziologische Probleme des technischen Fortschritts

**Heft 9:**
Prof. Dr.-Ing. Franz Bollenrath, Technische Hochschule Aachen
Zur Entwicklung warmfester Werkstoffe
Dr. Heinrich Kaiser, Staatl. Materialprüfungsamt Dortmund
Stand spektralanalytischer Prüfverfahren und Folgerung für deutsche Verhältnisse

**Heft 10:**
Prof. Dr. Hans Braun, Universität Bonn
Möglichkeiten und Grenzen der Resistenzzüchtung
Prof. Dr.-Ing. Carl Heinrich Dencker, Universität Bonn
Der Weg der Landwirtschaft von der Energieautarkie zur Fremdenergie

**Heft 11:**
Prof. Dr.-Ing. Herwart Opitz, Technische Hochschule Aachen
Entwicklungslinien der Fertigungstechnik in der Metallbearbeitung
Prof. Dr.-Ing. Karl Krekeler, Technische Hochschule Aachen
Stand und Aussichten der schweißtechnischen Fertigungsverfahren

**Heft: 12**
Dr. Hermann Rathert, Mitglied des Vorstandes der Vereinigten Glanzstoff-Fabriken A.-G., Wuppertal-Elberfeld
Entwicklung auf dem Gebiet der Chemiefaser-Herstellung
Prof. Dr. Wilhelm Weltzien, Direktor der Textilforschungsanstalt Krefeld
Rohstoff und Veredlung in der Textilwirtschaft

**Heft: 13**
Dr.-Ing. e. h. Karl Herz, Chefingenieur im Bundesministerium für das Post- und Fernmeldewesen Frankfurt a. Main
Die technischen Entwicklungstendenzen im elektrischen Nachrichtenwesen
Ministerialdirektor Dipl.-Ing. Leo Brandt, Düsseldorf
Navigation und Luftsicherung

**Heft 14:**
Prof. Dr. Burckhardt Helferich, Universität Bonn
Stand der Enzymchemie und ihre Bedeutung
Prof. Dr. med. Hugo W. Knipping, Direktor der Med. Universitätsklinik Köln
Ausschnitt aus der klinischen Carcinomforschung am Beispiel des Lungenkrebses

**Heft 15:**
Prof. Dr. Abraham Esau, Technische Hochschule Aachen
Die Bedeutung von Wellenimpulsverfahren in Technik und Natur
Prof. Dr.-Ing. Eugen Flegler, Technische Hochschule Aachen
Die ferromagnetischen Werkstoffe in der Elektrotechnik und ihre neueste Entwicklung

**Heft 16:**
Prof. Dr. rer. pol. Rudolf Seyffert, Universität Köln
Die Problematik der Distribution
Prof. Dr. rer. pol. Theodor Beste, Universität Köln
Der Leistungslohn

**Heft 17:**
Prof. Dr.-Ing. Friedrich Seewald, Technische Hochschule Aachen
Die Flugtechnik und ihre Bedeutung für den allgemeinen technischen Fortschritt
Prof. Dr.-Ing. Edouard Houdremont, Essen
Art und Organisation der Forschung in einem Industriekonzern

**Heft 18:**
Prof. Dr. med. Dr. phil. W. Schulemann, Universität Bonn
Theorie und Praxis pharmakologischer Forschung
Prof. Dr. Wilhelm Groth, Direktor des Physikalisch-Chemischen Instituts, Universität Bonn
Technische Verfahren zur Isotopentrennung

**Heft 19:**
Dipl.-Ing. Kurt Traenckner, Stellvertr. Vorstandsmitglied der Ruhrgas-A.G., Essen
Entwicklungstendenzen der Gaserzeugung

**Heft 20:**
M. Zvegintzov
Wissenschaftliche Forschung und die Auswertung ihrer Ergebnisse. Ziel und Tätigkeit der National Research Development Corporation
Dr. Alexander King, Department of Scientific & Industrial Research, London
Wissenschaft und internationale Beziehungen

**Heft 21:**
Prof. Dr. phil. Robert Schwarz, Aachen
Wesen und Bedeutung der Silicium-Chemie
Prof. Dr. Kurt Alder, Universität Köln
Fortschritte in der Synthese von Kohlenstoffverbindungen

**Heft 21 a**
Jahresfeier der Arbeitsgemeinschaft für Forschung des Landes Nordrhein-Westfalen am 21. 5. 1952 in Düsseldorf mit Ansprachen des Herrn Bundespräsidenten Professor Dr. Theodor Heuss, des Herrn Ministerpräsidenten Arnold, Frau Kultusminister Teusch, der Herren Professor Dr. Hahn, Professor Dr. Strugger, Vizepräsident Dobbert, Professor Dr. Richter, Professor Dr. Fucks.

**Heft 22:**
Prof. Dr. Johannes von Allesch, Universität Göttingen
Die Bedeutung der Psychologie im öffentlichen Leben
Prof. Dr. med. Otto Graf, Max-Planck-Institut für Arbeitsphysiologie, Dortmund
Triebfedern menschlicher Leistung

**Heft 23:**
Prof. Dr. phil. Dr. jur. h. c. Bruno Kuske, Universität Köln
Probleme der Raumforschung
Prof. Dr. Dr.-Ing. e. h. Prager
Städtebau und Landesplanung

**Heft 24:**
Prof. Dr. Rolf Danneel, Universität Bonn
Über die Wirkungsweise der Erbfaktoren
Prof. Dr. K. Herzog, Medizinische Akademie Düsseldorf
Bewegungsbedarf der menschlichen Gliedmaßengelenke bei der Berufsarbeit

**Heft 25:**
Prof. Dr. O. Haxel, Heidelberg
Energiegewinnung aus Kernprozessen
Dr. Dr. Max Wolf, Düsseldorf
Gegenwartsprobleme der energiewirtschaftlichen Forschung

**Heft 26:**
Prof. Dr. Friedrich Becker, Universität Bonn
Ultrakurzwellen aus dem Weltraum, ein neues Forschungsgebiet der Astronomie
Dozent Dr. H. Straßl, Bonn
Bemerkenswerte Doppelsterne und das Problem der Sternentwicklung

**Heft 27:**
Prof. Dr. Heinrich Behnke, Universität Münster
Der Strukturwandel der Mathematik in der ersten Hälfte des 20. Jahrhunderts
Prof. Dr. E. Sperner, Bonn
Eine mathematische Analyse der Luftdruckverteilungen in großen Gebieten

**Heft 28:**
Prof. Dr. O. Niemczyk, Aachen
Die Problematik gebirgsmechanischer Vorgänge im Steinkohlenbergbau
Prof. Dr. W. Ahrens, Krefeld
Die Bedeutung geologischer Forschung für die Wirtschaft, besonders in Nordrhein-Westfalen

**Heft 29:**
Prof. Dr. B. Rensch, Münster
Das Problem der Residuen bei Lernleistungen
Prof. Dr. H. Fink, Köln
Über Leberschäden bei der Bestimmung des biologischen Wertes verschiedener Eiweiße von Mikroorganismen

**Heft 30:**
Prof. Dr.-Ing. F. Seewald, Aachen
Forschungen auf dem Gebiete der Aerodynamik
Prof. Dr.-Ing. K. Leist, Aachen
Forschungen in der Gasturbinentechnik

**Heft 31:**
Direktor Dr. F. Mietzsch, Wuppertal
Chemie und wirtschaftliche Bedeutung der Sulfonamide
Prof. Dr. G. Domagk, Wuppertal
Die experimentellen Grundlagen der Chemotherapie der bakteriellen Infektionen

**Heft 32:**
Prof. Dr. Hans Braun, Universität Bonn
Die Verschleppung von Pflanzenkrankheiten und -schädlingen über die Welt
Prof. Dr. Wilhelm Rudorf, Max-Planck-Institut für Züchtungsforschung, Voldagsen
Der Beitrag von Genetik und Züchtung zur Bekämpfung von Viruskrankheiten der Nutzpflanzen

**Heft 33:**
Prof. Dr.-Ing. V. Aschoff, Aachen
Probleme der elektroakustischen Einkanalübertragung
Prof. Dr.-Ing. H. Döring, Aachen
Erzeugung und Verstärkung von Mikrowellen

**Heft 34:**
Geheimrat Prof. Dr. Rudolf Schenck, Aachen
Bedingungen und Gang der Kohlenhydratsynthese im Licht
Prof. Dr. Emil Lehnartz, Universität Münster
Die Endstufen des Stoffabbaus im Organismus

**Heft 35:**
Prof. Dr.-Ing. H. Schenk, Aachen
Gegenwartsprobleme der Eisenindustrie in Deutschland
Prof. Dr.-Ing. E. Piwowarsky, Aachen
Gelöste und ungelöste Probleme des Gießereiwesens

**Heft 36:**
Prof. Dr. W. Riezler, Bonn
Teilchenbeschleuniger
Prof. Dr. med. G. Schubert, Hamburg
Anwendung neuer Strahlenquellen in der Krebstherapie

**Heft 37:**
Prof. Dr. F. Lotze, Münster
Probleme der Gebirgsbildung
Bergwerksdirektor Bergassessor a. D. Rauschenbach, Essen
Die Erhaltung der Förderungskapazität des Ruhrbergbaues auf lange Sicht

**Heft 38:**
Dr. E. C. Cherry, D. Sc., A.M.I.E.E., London
Cybernetics
Prof. Dr. E. Pietsch, Clausthal-Zellerfeld
Dokumentation und mechanisches Gedächtnis — zur Frage der Ökonomie der geistigen Arbeit

**Heft 39:**
Dr. H. Haase, Hamburg
Infrarot und seine technischen Anwendungen
Prof. Dr. A. Esau, Aachen
Die Bedeutung des Ultraschalls für technische Anwendungsgebiete

**Heft 40:**
Bergassessor F. Lange, Bochum-Hordel
Die wissenschaftliche und soziale Bedeutung der Silikose im Bergbau
Prof. Dr. W. Kikuth, Düsseldorf
Die Entstehung der Silikose und ihre Verbreitungsmaßnahmen

**Heft 40a:**
Prof. Dr. E. Groß, Bonn
Berufskrebs und Krebsforschung
Prof. Dr. H. W. Knipping, Köln
Die Situation der Krebsforschung vom Standpunkt der Klinik und des praktischen Arztes

**Heft 41:**
Dr.-Ing. G. V. Lachmann, Teddington
An einer neuen Entwicklungsschwelle im Flugzeugbau
Dr. A. Gerber, Zürich
Stand der Entwicklung der Raketen- und Lenktechnik

**Heft 42:**
Prof. Dr. Theodor Kraus, Köln
Lokalisationsphänomene und Raumordnung vom Standpunkt der geographischen Wissenschaft
Direktor Dr. Fritz Gummert, Essen
Vom Ernährungsversuchsfeld der Kohlenstoffbiologischen Forschungsstation Essen (Ein 6 Jahre lang

durchgeführter Versuch, einen Menschen aus dem Ertrag von 1250 qm zu ernähren).

**Heft 43:**
Prof. Giovanni Lampariello, Rom
Über Leben und Werk von Heinrich Hertz
Prof. Dr. Walter Weizel, Bonn
Über das Problem der Kausalität in der Physik

**Heft 44:**
Prof. Dr. Burckhardt Helferich, Bonn
Über Glykoside
Prof. Dr. Fritz Micheel, Münster
Kohlenhydrat-Eiweißverbindungen und ihre biochemische Bedeutung

**Heft 45:**
Prof. Dr. John von Neumann, Princeton/USA
Entwicklung und Ausnutzung neuerer mathematischer Maschinen
Prof. Dr. E. Stiefel, Zürich
Rechenautomaten im Dienste der Technik mit Beispielen aus dem Züricher Institut für angewandte Mathematik

Geisteswissenschaften

**Heft 1:**
Prof. Dr. W. Richter, Bonn,
Die Bedeutung der Geisteswissenschaften für die Bildung unserer Zeit
Prof. Dr. J. Ritter, Münster,
Die aristotelische Lehre vom Ursprung und Sinn der Theorie

**Heft 2:**
Prof. Dr. J. Kroll, Köln,
Elysium
Prof. Dr. G. Jachmann, Köln,
Die vierte Ekloge Vergils

**Heft 3:**
Prof. Dr. H. E. Stier, Münster,
Die klassische Demokratie

**Heft 4:**
Prof. Dr. W. Caskel, Köln,
Lihjan und Lihjanisch. Sprache und Kultur eines früharabischen Königreiches

**Heft 5:**
Prof. Dr. Th. Ohm, Münster,
Stammesreligionen im südlichen Tanganyika-Territorium. — Religionswissenschaftliche Ergebnisse meiner Ostafrikareise 1951

**Heft 6:**
Prälat Prof. Dr. G. Schreiber, Münster,
Deutsche Wissenschaftspolitik von Bismarck bis zum Atomphysiker Otto Hahn

**Heft 7:**
Prof. Dr. W. Holtzmann, Bonn,
Das mittelalterliche Imperium und die werdenden Nationen

**Heft 8:**
Prof. Dr. W. Caskel, Köln,
Die Bedeutung der Beduinen in der Geschichte der Araber

**Heft 9:**
Prälat Prof. Dr. Georg Schreiber, Münster
Iroschottische Motive im abendländischen Sakralraum

**Heft 10:**
Prof. Dr. P. Rassow, Köln,
Forschungen zur Reichsidee im 16. und 17. Jahrhundert

**Heft 11:**
Prof. Dr. H. E. Stier, Münster,
Roms Aufstieg zur Weltherrschaft

**Heft 12:**
Prof. Dr. D. K. H. Rengstorf, Münster,
Zum Problem der Gleichberechtigung zwischen Mann und Frau auf dem Boden des Urchristentums
Prof. Dr. H. Conrad, Bonn,
Grundprobleme einer Reform des Familienrechts

**Heft 13:**
Professor Dr. Max Braubach, Bonn,
Der Weg zum 20. Juli 1944 — Ein Forschungsbericht

**Heft 14:**
Prof. Dr. Paul Hübinger, Münster
Das deutsch-französische Verhältnis und seine mittelalterlichen Grundlagen

Heft 15:
Prof. Dr. Franz Steinbach, Bonn,
Der geschichtliche Weg des wirtschaftenden Menschen in die soziale Freiheit und politische Verantwortung

Heft 16:
Prof. Dr. Josef Koch, Köln,
Die Ars coniecturalis des Nikolaus von Cues

Heft 17:
Dr. James B. Conant,
U.S.-Hochkommissar für Deutschland,
Staatsbürger und Wissenschaftler
Prof. Dr. D. Karl Heinrich Rengstorf, Münster,
Antike und Christentum

Heft 18:
Prof. Dr. Richard Alewyn, Köln,
Klopstocks Publikum

Heft 19:
Prof. Dr. Fritz Schalk, Köln,
Das Lächerliche in der französischen Literatur des Ancien Régime

Heft 20:
Prof. Dr. Ludwig Raiser, Bad Godesberg,
Präsident der Deutschen Forschungsgemeinschaft
Rechtsfragen der Mitbestimmung

Heft 21:
Prof. D. Martin Noth, Bonn,
Das Geschichtsverständnis der alttestamentlichen Apokalyptik

Heft 22:
Prof. Dr. Walter F. Schirmer, Bonn
Glück und Ende der Könige in Shakespeares Historien

Heft 23:
Prof. Dr. Günther Jachmann, Köln
Der homerische Schiffskatalog und die Ilias

Heft 24:
Prof. Dr. Theodor Klauser, Bonn
Die römischen Petrustraditionen im Lichte der neuen Ausgrabungen unter der Peterskirche

Heft 25:
Prof. Dr. Hans Peters, Köln
Der Grundsatz der Gewaltentrennung in heutiger Sicht

Heft 26:
Prof. Dr. Fritz Schalk, Köln
Calderon und die Mythologie

Heft 27:
Prof. Dr. Josef Kroll, Köln
Vom Leben Geflügelter Worte

Heft 28:
Prof. Dr. Thomas Ohm
Die Religionen in Asien

Heft 29:
Prof. Dr. Leo Weisgerber, Bonn
Die Ordnung der Sprache im persönlichen und öffentlichen Leben

Heft 30:
Prof. Dr. Werner Caskel, Köln
Entdeckungen in Arabien

Heft 31:
Prof. Dr. Max Braubach, Bonn
Entstehung und Entwicklung der landesgeschichtlichen Bestrebungen und historischen Vereine im Rheinland

Heft 32:
Prof. Dr. Fritz Schalk, Köln
Somnium und verwandte Wörter in den romanischen Sprachen

If you have any concerns about our products,
you can contact us on
**ProductSafety@springernature.com**

In case Publisher is established outside the EU,
the EU authorized representative is:
**Springer Nature Customer Service Center GmbH**
**Europaplatz 3, 69115 Heidelberg, Germany**

Printed by Libri Plureos GmbH
in Hamburg, Germany